出会いから始まった
フィールドスタディ

海外フィールドスタディプログラム A　2019 年度報告書
大阪大学未来基金グローバル化推進事業

北九州市立大学地域共生教育センター開講
2019 年度「環境 ESD 演習」 モンゴルスタディツアー報告書

監 修：思沁夫・岸本紗也加
編 集：宮ノ腰陽菜・千賀遥・吉田泰隆

はじめに

　大阪大学の体験型学習として海外フィールドスタディプログラムA 大阪大学未来基金グローバル化推進事業（以下、フィールドスタディ）が開発されて早くも 10 年が経った。今回、2019 年度はモンゴルでは 5 回目、中国雲南省（以下、雲南）では 7 回目の開催になる。これまでに約 100 名の学生が参加してきた。フィールドスタディは事前学習、現地活動、事後学習の 3 段階で構成され、現地滞在期間は 1 ～ 2 週間程度だが、国内での準備やまとめ作業を含むと 1 年のうち半年以上の期間実施していると言える。

　フィールドスタディの活動内容は、現地に学ぶ環境学習から現地の人々のための協働実践に転換し、さらに充実したプログラムとなっている。2017 年度より海外フィールドスタディでは「クリエイティブラーニング」という手法を採用し、ものづくりを通じた学びと地域との協働関係の構築を試みてきた。今回、モンゴルでは生物多様性の保護に関して、実践と持続可能性を重視した環境教育を提案した。雲南では松脂の廃棄物を活用した商品開発、環境系中小企業における人材育成や生態環境の科学的調査（数理モデル）に貢献し得る成果を残し、学生のアイデアが商品化に結びついた。

　フィールドスタディの成果は学内にとどまらず、海外からも高く評価され、いま参加学生はフィールドスタディでの学びを糧に世界中で活躍している。また喜ばしいことに、モンゴルや雲南など現地大学生の参加希望者も増え続けていた。

　しかし、本報告書の執筆・編集時、新型コロナウイルスの感染拡大によって日本だけでなく世界が大変な状況に陥り、かつてのように学生とフィールドに出掛けることができなくなってしまった。現在はバーチャルでスタディツアーや IT 技術を応用したフィールドスタディが試みられているようだが、私たちは地域の魅力は人にあり、フィールドスタディにおいて人との交流が何よりも大切だと考えている。

　本報告書は事後学習の一環として、個人ないしはグループで活動成果をまとめたものである。また、海外におけるアクティブラーニングや新たな教育事例を参照しつつ、私たちが東アジアの環境と持続可能な社会について考え、その実現を目指して理論化と実践に取り組んだ 10 年間の歩みでもある。フィールドスタディは回を重ねる度にページ数も内容も膨らんでゆく。読み応えのある報告文が多く、編集作業は私たちにとってひとつの楽しみであるが、何よりもここまで分厚い報告書が仕上がったのは2019 年度が初めてである。

　先が見通せない状況であるが、学生たちの努力により、無事に報告書が仕上がった。

現地との交流に学ぶフィールドスタディこそ、地域にある何かを感じ取り、学び取ることができる。本報告書では学生が何を感じ、何を学んだのか、時系列に沿って記述されている。事前学習から現地活動の雰囲気も読み取っていただけるよう編集も心掛けた。ぜひその臨場感を味わっていただきたい。また、大学や専門の異なる学生や社会人のフィールドスタディ参加による影響や効果についてもぜひ読み取っていただきたい。

　私たちはフィールドスタディの成果を踏まえ、各国・地域のサポートを効果的かつ継続的に推進するため、2020年5月18日、一般社団法人北の風・南の雲を設立した。予算が限られている中でのスタートではあるが、本報告書の正式出版を決意した。電子版は法人ホームページにて公開予定である。

　フィールドスタディでは学生指導と同時に教育の理論化を行ってきたが、まだ道半ばである。学生たちの活動成果を継承するため、地域との協働関係を維持するため、より充実したフィールドスタディ、より発展的な活動を今後も展開してゆきたい。

思沁夫^{スチンフ}

岸本紗也加

目　次

はじめに …………………………………………………… 思沁夫、岸本紗也加　　*i*

序 ………………………………………………………… 岸本紗也加、思沁夫　　*v*

第一部　モンゴル

報告① 「モンゴルと環境問題、そしてフィールドスタディに参加して」…………… *3*
　　　　　　　　　　　ツェベルマー、ドルジンスレン、ビャンバザヤ

報告② 「北九州と私たちの経験から」 …………………………………………… *9*
　　　　　　　　　　　尾澤あかり、平良慎太郎、渡部胡春

報告③ 「環境教育プログラムの提案」 ………………………………………… *21*
　　　　　　　　　　　赤岩寿一、小田大夢、吉田泰隆、宮ノ腰陽菜

報告④ 「絵本を通じた環境教育」 ……………………………………………… *53*
　　　　　　　　　　　千賀遥、松井惇、横上玲奈

コラム　座談会 ………………………………………………………………… *81*

　座談会① 　　　　　松井惇、吉田泰隆、尾澤あかり、ツェベルマー

　座談会② 　　横上玲奈、小田大夢、宮ノ腰陽菜、平良慎太郎、ビャンバザヤ

　座談会③ 　　　　千賀遥、赤岩寿一、渡部胡春、ドルジンスレン

執筆者プロフィール ……………………………………………………………… *97*

第二部　雲　南

報告⑤ 「山村に住んでみたい」 ………………………………………………… *105*
　　　　　　　　　　　水森百合子

報告⑥ 「地域共生型企業を目指して―人材育成とシステム構築の提案より―」 ……… *133*
　　　　　　　　　　　王しょうい、黒田早織、柴垣志保、千賀遥、宮ノ腰陽菜

報告⑦ 「プアール型循環モデルの構築をめざして」 ………………………… *147*
　　　　　　　　　　　岸本康希、難波晶子、徳満有香

コラム ……………………………………………………………………………… *163*

執筆者プロフィール ……………………………………………………………… *185*

おわりに ………………………………………………………… 思沁夫　　*189*

序

　大阪大学グローバルイニシアティブ・センターが提供する海外フィールドスタディプログラム A（以下、フィールドスタディと略す）は、「現場に赴き、地域と共に学び、考え、実践する」をコンセプトに実施されている。2019 年度、第 5 回目となるモンゴルフィールドスタディ、第 7 回目となる雲南フィールドスタディは、企画運営者の過去 10 年間の実績を踏まえ開発されたフィールドスタディ独自の手法を用い、北九州市立大学など他大学や社会人も参加しておこなわれた。

モ ン ゴ ル

1. 目的と概要

　今回のモンゴルフィールドスタディは大阪大学だけでなく、北九州市立大学地域共生教育センター、モンゴル国立大学内名古屋大学日本法教育研究センターの 3 機関合同実施となった。大阪大学（学生 7 名、引率教員 2 名）、北九州市立大学（学生 3 名、引率教員 2 名）、モンゴル国立大学（学生 3 名）の総勢 17 名が集った。

　過去のモンゴルフィールドスタディではオンギー川（ウブルハンガイ県のハンガイ山脈からウラーン湖に流れる川）流域の環境保護、鉱山開発が引き起こす様々な現象や問題の解決、遊牧社会の持続可能性について検討してきた。これらの成果を踏まえ、今回は「2030 年のモンゴルの環境教育を考える」をテーマとした。モンゴル科学アカデミー生物学研究所や遊牧民環境保護団体、モンゴル国立大学法学部内日本法教育研究センターのご協力のもと、学生たちはモンゴルの大自然と遊牧文化に触れつつ、現地の環境問題や課題について参与観察や聞き取り調査を通じて学び、現地での報告会ではモンゴル国環境省に対し、絵本を通した環境教育や日蒙合同清掃活動など具体的で実施可能な取り組みをいくつか提案した。活動の成果はモンゴル現地で発行されている日本語版の雑誌『Kon bainauu（コンバイノー）』（2019 年 No.18）や新聞『モンゴル通信』（2019 年 8 月 22 日発行）にて掲載された。

2. 年間スケジュール

　モンゴル滞在期間は 10 日間だったが、フィールドスタディは事前学習、現地活動、事後学習（報告）の 3 つの段階で構成されており、半年以上かけて実施された。モンゴルフィールドスタディの内容、参加者（参加当時の所属、学年で記した）、スケジュールを整理すると次の通りとなる。

ステップ 1. 事前学習（2019 年 6 月〜現地出発まで）

【大阪大学】

　過去のモンゴルフィールドスタディの成果の精査、調査手法の検討、環境教育と生物多様性保全活動に関する事例の収集など。

引　率　者：グローバルイニシアティブ・センター

　　　　　　思沁夫 特任准教授、阿部恒朋 特別研究員（PD）

参加学生：松井惇（外国語学部外国語学科インドネシア語専攻 4 年）

　　　　　　横上玲奈（外国語学部外国語学科英語専攻 4 年）

　　　　　　吉田泰隆（工学部応用自然科学科 3 年）

　　　　　　赤岩寿一（工学研究科ビジネスエンジニアリング専攻 修士 1 年）

　　　　　　小田大夢（外国語学部外国語学科アラビア語専攻 2 年）

　　　　　　宮ノ腰陽菜（外国語学部外国語学科アラビア語専攻 4 年）

　　　　　　千賀遥（外国語学部外国語学科アラビア語専攻 4 年）

【北九州市立大学】

　モンゴルならびにモンゴルの環境問題に関する学習、北九州の公害の歴史と環境未来都市としての取り組み整理など。

引　率　者：地域共生教育センター　石川敬之 准教授、岸本紗也加 特任教員

参加学生：平良慎太郎（経済学部経営情報学科 2 年）

　　　　　　尾澤あかり（地域創生学群地域創生学類 2 年）

　　　　　　渡部胡春（地域創生学群地域創生学類 2 年）

【モンゴル国立大学】

　モンゴル国の概要とモンゴル民主化以降の環境問題、環境教育、環境保護活動の現

状整理、モンゴル人の環境問題に対する意識調査。

参加学生：Tsevelmaa Batnasan

　　　　　（モンゴル国立大学法学部内名古屋大学日本法教育研究センター）

　　　　　Doljinsuren Otgonbaatar（同上）

　　　　　Byambazaya Bizaagundaa（同上）

※なお、日本からの参加学生に対しては事前学習期間中にリスク管理研修を実施した。

ステップ2. 現地活動（2019 年 8 月、10 日間）

日にち	内　　　容
8月11日	（移動）首都ウランバートル　到着
8月12日	ウランバートルにて3大学の学生合流、事前学習の成果発表 モンゴル科学アカデミー生物学研究所研究員による環境講義の受講
8月13日	トゥブ県郊外で自然観察、研究者による解説 生物多様性保護センター訪問
8月14日	（移動日）
8月15日	ウブルハンガイ県自然博物館見学 遊牧民環境保護団体長とガンダン寺住職に聞き取り調査
8月16日	自然観察、ふりかえり
8月17日	遊牧民のご家庭訪問、インタビュー調査　（移動）
8月18日	活動成果発表会の準備
8月19日	モンゴル日本センターにて活動成果発表会
8月20日	（移動）帰国

ステップ3. 事後学習（報告）（2019 年 9 月〜 2020 年 3 月）

【大阪大学、北九州市立大学、モンゴル国立大学】

　モンゴル・雲南フィールドスタディプログラム成果報告会（大阪大学）にて発表（11月）、成果報告書の発行（3 月）

【北九州市立大学】

　学長報告（9 月）、北九州市立大学地域共生教育センター環境 ESD プログラム「環境 ESD 入門」で発表（11 月）

3. モンゴルフィールドスタディをふりかえって

2019年春、テレビ会議で知り合った学生がモンゴルで寝食を共にし、睡眠時間を削り、毎晩議論し合うなかで厚い友情が芽生えていた。学生たちがモンゴルで支え合い、励まし合う姿はたくましかった。航空機の大幅な遅延や手荷物の紛失（結局発見された）などハプニングとトラブルに始まった今年度のモンゴルのフィールドスタディだったが、学生たちには笑顔が絶えなかった。モンゴル人の学生はこれらの緊急事態に対して冷静に対応し、風邪の悪化をものともせず空港で日本からの参加者を出迎え、宿泊先まで見届けてくれた。また笑顔だけでなく、涙に溢れた。現地では思沁夫とひとりのモンゴル人学生が誕生日を迎えたが、風船やバースデーケーキ、プレゼントを抱えた学生が突如大合唱。2人は感動のあまり泣き崩れてしまったのである。

学び合いと助け合い。モンゴルフィールドスタディでは体調管理はもちろん、仲間の健康への気遣いや常に助け合う雰囲気が当たり前のようにあった。長距離移動が続いたが、マイクロバスの運転手とのコミュニケーションも自然と成立しており、いつの間にか友達になっていた。学生は国境と専門を超越する術をすんなりと身に付け、教員の私たちよりも遥かに素晴らしい能力を発揮していた。体験型学習における教員の出番と言えば、間違いを指摘し、教訓を伝えることぐらいだと幾度も感じた。

「モンゴルフィールドスタディは人生の宝です。」全くの偶然だと思うが、帰国後、複数の学生から同じ言葉を綴ったメッセージが届いた。モンゴルの学生は日本の学生から計画性、柔軟性、チームワーク、丁寧さ、粘り強さ、几帳面さを学んだようである。一方、日本の学生はモンゴルの学生から語学力、行動力、瞬発力、献身的な姿勢の大切さを学んでいた。帰国後も学生たちは大阪や北九州で再会するなどして、交流を続けている。このご縁とフィールドスタディをきっかけに育まれた友情がこれからも循環してゆくことを願いつつ、モンゴルと学生の未来に大きな期待を寄せたい。

私たち自身も今回のモンゴルフィールドスタディで人生の宝を得た。今後はモンゴルフィールドスタディだけでなく、モンゴルにおける生物多様性保全教育センターの設立や環境学習で優秀な成績を修めた子ども達には賞を贈るなど、新たな活動にも取り組みはじめたい。

中国雲南省

1. 目的と概要

雲南フィールドスタディのテーマは「中国雲南省普洱市における完全有機農業化モデルの構築」である。学生12名（うち1名は東京大学大学院の院生）、引率教員3名、国内外の社会人参加者3名で取り組んだ。今回の雲南フィールドスタディでは連携協力機関が過去最多となった。ご協力いただいたのは、中国では楽平基金会、プアール学院大学、雲南大学、普洱市思芋区森盛林化株式会社、斑马荘園（Zebra Estate、ゼブラグループ）、普洱娜山纳水旅行開発株式会社、JICA北京オフィス、日本においては関西産業株式会社、株式会社坂ノ途中などとなっている。

学生は生物と文化の多様性の密接な関係について学び、プアールの循環型社会モデル構築という大きな目標達成を目指し、松脂と珈琲カラカスの持続的利用への転換について検討した。学生は3つの調査グループに分かれ、現地が抱える環境課題を調査、どのようなアクションが可能か検討した。各学生の専門性や能力、関心を最大限に活かし、会社の組織体制と運営の在り方、新ビジネス事業の展開、事業モデルの提案をおこなった。

現地報告において、山間地域で調査を行った山・村班は、生物多様性の保持と特定作物の価格変動リスクを分散させるため、単一作物生産に依存しない、自然林を活かした多角的な視点を導入した経営方法、自然の素晴らしさと珈琲の魅力を発信するため高付加価値の天然林観光と地産地消レストラン経営を提示した。孟連の珈琲会社ならびに農地と加工処理場で調査したシステム班は、珈琲の在庫と顧客の管理システム、アプリモデルを考案した。松脂班は現地調査や商品開発の試行結果をもとに、木屑を用いた農業活性化、松脂の木の付加価値化、ビニール袋の洗浄システム導入について提案した。松脂会社が抱えていた課題解決だけでなく、珈琲栽培会社に対する有機化や商品ブランド化に対するアイデアを現地に残したことで、雲南の生物多様性と文化を活かした新たな循環型社会モデル構築の可能性が感じられるフィールドスタディであった。

2. 年間スケジュール

現地滞在期間は10日間、事前学習、事後学習（報告）を含めると10ヶ月間に及ぶ活動となった。以下、参加者ならびに主な活動内容について述べる。

ステップ 1. 事前学習（2019 年 6 月〜現地出発まで）

　事前学習では松脂と珈琲を学習テーマとし、2 つの班に分かれて準備を進めた。松脂の調査班では使用済みのビニール袋の浄化、再利用法に関する資料を収集し、現地の社会環境に適した方法を模索した。普洱市思芋区森盛林化株式会社の松脂回収担当者や松脂採集名人に対する調査に向けた準備をおこなった。一方、珈琲の調査班は木炭の利用法を含む土壌改良法に関する情報収集とその精査をおこなった。珈琲のカラカスを利用した商品開発の資料を参照し、開発に向けたアイデアを用意した。

　引率者ならびに参加者（所属や学年は参加当時のものである）は次の通りである。

引 率 者：

　思沁夫（大阪大学グローバルイニシアティブ・センター　特任准教授）

　上須道徳（大阪大学 CO デザインセンター　特任准教授）

　阿部朋恒（日本学術振興会　特別研究員 PD）

大阪大学の参加学生：

• 山・村班

　水森百合子（理学部物理学科 4 年）

　黒井優希（法学部法学科 3 年）

• システム班

　王しょうい（外国語学部外国語学科英語専攻 4 年）

　黒田早織（外国語学部日本語専攻 4 年）

　柴垣志保（工学部地球総合工学科 2 年）

　千賀遥（外国語学部外国語学科アラビア語専攻 4 年）

　宮ノ腰陽菜（外学部外国語学科アラビア語専攻 4 年）

• 松脂班

　難波晶子（工学部環境・エネルギー工学科 4 年）

　徳満有香（外国語学部外国語学科ビルマ語専攻 2 年）

　岸本康希（工学部応用理工学科 4 年）

　中野裕介（法学部国際公共政策科 4 年）

他大学の参加学生：

高成壮磨（東京大学大学院農学生命科学研究科

農学国際専攻国際植物資源科学研究室　修士2年）

社会人参加者：

轟晃成（関西産業株式会社　開発営業部）

細貝瑞季（大阪大学OB）

安本浩二（Y-KEN FILM）

ステップ2.　現地活動（2019年9月、10日間）

日にち	内　容（班別）		
	松脂班	システム班	山・村班
9月20日	（移動）関西国際空港発　昆明　到着		
9月21日	（移動）普洱　到着	（移動）孟連　到着 斑馬荘園にて聞き取り調査、珈琲の苗見学	
9月22日	松脂会社にて商品試作実験	南嶺加工工場見学、東崗加工工場見学（システム班）、現地住民との交流（山班）	
9月23日	松脂工場と松脂採取地の見学、聞き取り調査	斑馬荘園社員にインタビュー	村の調査、農園生態調査
9月24日	商品試作、農園見学、珈琲農園社長にインタビュー	斑馬荘園社員にインタビュー、脱穀工場見学	村の調査、農園生態調査
9月25日	李社長（森盛林化株式会社）に成果報告、商品試作	村長にインタビュー、農園見学	斑馬荘園の南嶺事務所で作業
9月26日	松脂会社で発表準備、商品試作	（移動）普洱　到着、松脂班と合流	
	松脂会社にて発表準備、宿泊先にて返礼の宴		
9月27日	松脂工場にて発表準備	（移動）昆明　到着	
9月28日	雲南大学にて成果発表、市内観光		
9月29日	（移動）帰国		

ステップ3.　事後学習（報告）（2019年10月〜2020年3月）

　モンゴル・雲南フィールドスタディプログラム成果報告会（大阪大学）にて発表（11月）、成果報告書の発行（3月）

3.　雲南フィールドスタディをふりかえって

　今回の雲南フィールドスタディは最終的に3つの班、3つの地域に分かれて活動を

おこなった。どのグループも現地の課題に対し、それぞれの個性や能力を活かし具体的な取り組みが提案された。山・村班は限られた調査時間でどれだけの成果が得られるか勝負どころだったが、今回、生態のバランスと利用を数理モデルを用いて示した20ページ以上に及ぶ基礎論文が仕上がった。システム班は教員の主だった指導のない状況で、学生のチームワークを発揮、過去のフィールドスタディ参加者の経験も駆使しつつ組織の課題解決に向け聞き取り調査や現状分析に丁寧に取り組んだ。松脂班は柔軟な発想や創造性を開花させ、産業廃棄物の肥料化や菓子製造に成功した。現地協力者も学生の活動成果に感動、ホテルが商品販売を希望するほどだった。

　社会人参加型のフィールドスタディも特徴的だった。OB・OGは教員とは異なる存在であり、学生が気楽に質問したり、相談できる身近な兄姉であり、彼らだからこそ後輩に響くメッセージがあった。教員、学生に加え、社会人も仲間となりチームとして課題解決に取り組んだ、貴重なフィールドスタディとなった。

　フィールドに入れば日本と異なり、地域間の連絡調整が難航したが、一時的に一部の班では教員不在となっても、学生たちは状況判断し、率先して行動できていた。時間は限られていたが、商品開発や課題解決策の提示などを達成し、挑戦する意義と確固たる自信を獲得したに違いない。学生の懸命な姿勢は現地の人々の刺激と励みになり、彼らを環境課題解決に向けた次なるステージへと導いていた。これからも、ものづくり、創造的な学びを通して雲南の「地域の価値」を見出すサポートを続けたい。

第一部

モ ン ゴ ル

ウブルハンガイ県にて 8 年前出会い、「ガガ」と名付けた白鳥が子育てする様子（思沁夫撮影）

「モンゴルと環境問題、
そしてフィールドスタディに参加して」

モンゴル国立大学

⋯⋯⋯ ツェベルマー、ドルジンスレン、ビャンバザヤ

1. 参加動機
2. モンゴルの概要
3. モンゴルにおける環境問題
4. 感想

モンゴルフィールドスタディの参加者と運転手さん

出典：トモルホヤグ撮影

報告①

モンゴルと環境問題、そしてフィールドスタディに参加して

モンゴル国立大学：ツェベルマー、ドルジンスレン、ビャンバザヤ

1. 参加動機

　今回のプログラム参加には2つの理由がある。第一に、モンゴルにおける環境問題の現状、その原因、対策を実際に学び、母国モンゴルについてより関心を広げ、理解を深めたいと思ったからである。第二に、異なる専門や背景を持つ日本人学生との交流ならびに協力を通して、互いの文化を理解しつつ、課題解決方法を発見する能力を身につけたかったからである。

2. モンゴルの概要

　モンゴルは正式国名をモンゴル国といい、日本の約4倍の面積（約156万4,100㎢）がある。北はロシア、南は中国に接する内陸国であり、中央から東部にかけて草原が続き、南部や西部は砂漠地帯、北部は森林地帯となっている。人口は約324万人（2019年7月）、人口密度は1平方キロメートルあたり約1.9人である。首都は、ウランバー

【地図】モンゴルの位置

出典：Encyclopædia Britannica. モンゴル.（2020年3月22日）
https://www.britannica.com/place/Mongolia#/media/1/389335/209281

トル市で全人口の約4割を占める約134万人が暮らしている。遊牧生活者は、35万人を切って急速に減少しているが、各戸の大規模化は進んでおり、現在、ヒツジ、ヤギなどを中心に全家畜総数は6,000万頭を超えている。公用語はモンゴル語で、表記はキリル文字を使用している。モンゴルの主要産業は牧畜産業と鉱物資源開発である。

3. モンゴルにおける環境問題

　モンゴルでは自然災害や人的活動によって様々な環境問題が生じている。ここでは比較的大きな問題となっている砂漠化、河川汚染とゴミ問題について簡単に説明する。

　まず、砂漠化である（写真1、2を参照）。モンゴル国自然環境・観光省のレポート（2018年）によると、モンゴル全土の76.8%が砂漠化し、42.5%の土地が使用できなくなっている。砂漠化の原因として家畜や人の行為と気候が挙げられている。

【写真1】砂漠化した土地の家畜
出典：モンゴル国自然環境・観光省・環境状況報告書（2018年）（2020年3月22日）
http://www.mne.mn/?page_id=542

【写真2】砂漠とゲル（移動式住居）
出典：Travel photographer @Batzaya. Desertification in Mongolia.（2020年3月22日）
https://twitter.com/batzayach/status/1044151903385346048

　家畜や人為的要因については、放牧面積や家畜頭数のバランスが崩れているため、土壌の侵食作用や砂漠化が進んでいると言える。例えば、ヒツジよりもより経済利益の高いカシミア種のヤギを飼う傾向がある。なぜなら、ヤギは草の根をかき出して食べる習性があるからである。また、山火事や人間の不適切な自然利用によって森林減少も進行している。さらに、気候的要因についていえば、地球温暖化などによる干ばつ化が考えられる。近年、全国的に干ばつ化や少雨といった気候変動が続いている。このように、モンゴルにおける砂漠化の根本的な原因として、現地住民の貧困や急激な家畜頭数の増加が49%、干ばつ化など気候的要因が51%を占めている。

　河川汚染ついては、鉱山開発などによって川が汚染され、消失するものが多いが、

ウランバートルに関して言えばトール川の汚染が最も深刻である（写真3，4を参照）。トール川は、モンゴル東部から北部へ流れる、全長704㎞、流域面積49,840㎢の川である。

　モンゴルにおいて人口の半分以上が首都ウランバートルに住んでいることは既に述べたが、人びとは飲料水をこのトール川から採取している。川流域はモンゴル国土の3.19％に過ぎないが、流域の生活人口は150万人（モンゴル国の全人口324万に対して約46.2％）である。すなわちトール川はモンゴルにおいて、重要な河川だと言えるが、2013年の世界保健機構の調査では、世界で最も汚染されている7つ川のうち5番目に選ばれており、トール川の水は家畜すら飲めない状況にある。

　下水処理場の設備が老朽化・故障しており、下水処理場に工場廃水が十分に処理されずに流れ込んだり、ゲル地区の穴を掘り建てた簡易トイレによる汚水の流出、地下20メートル位までの大規模掘削による不透水層や地下水の帯水層の破壊、地下水が汲

【写真3】汚染されたトール川
出典：Mongolian Press Agency. トール川.（2020年3月22日）
https://www.mpa.mn/%D0%90%D0%A0%D0%A5%D0%98%D0%92/%D0%90%D0%A0%D0%A5%D0%98%D0%92-2015-%D0%9E%D0%9D/i-pRcVdwW

【写真4】汚染水が流れるトール川
出典：モンゴル国自然環境・観光省. トール川.（2020年3月22日）
https://www.mne.mn/?p=8260

み上げられ、川に流れる水も汚染されている。「ニンジャ」と呼ばれる違法に砂金を採掘した者たちが残した危険な廃坑も多数存在する。地表の土壌や植物などを取り除き、土を深く掘り出し、不要な砂礫などを取り除くために掘り出した土を川の水で洗浄する。地下資源の洗浄に用いた水を未処理のまま川にたれ流しているため、汚泥にまみれた河川が増え続けている。

　最後に、ゴミ問題である。

　モンゴルで次のようなことを聞いたことがある。「死んだヒツジの胃袋には、草よりもプラスチックが多かった」、「死んでいった牛は何頭もいた。牛の腸はプラスチックで詰まっていた」。基本的にモンゴルではゴミの分別はなされていない。そのため、ゴ

【写真5】 ごみ処理場で餌を探す家畜

出典：Barcroft Media. Mongolian Winter Disaster Caught On Camera.（2020年3月22日）
https://www.gettyimages.co.jp/detail/%E3%83%8B%E3%83%A5%E3%83%BC%E3%82%B9%E5%86%99%E7%9C%9F/group-of-cows-scavenge-for-food-on-a-mountainous-rubbish-dump-%E3%83%8B%E3%83%A5%E3%83%BC%E3%82%B9%E5%86%99%E7%9C%9F/546360300?adppopup=true

【写真6】 ゲル地区周辺のゴミ収集所で廃棄されたゴミ

出典：ニュースサイト Mass. ごみ収集所.（2020年3月22日）
https://mass.mn/n/29747

ミはゴミ処理場に投棄するのみである。アパートやマンションが立ち並ぶ地区については ゴミ収集が行われているものの、ゲル地区については5割以下の人々にしかゴミ収集サービスが提供されていない。ゴミは処分場に廃棄され、覆土も行われていない。市内最大の処分場であるウランチュルート処分場周辺地域には廃棄物が散乱し、自然環境が著しく損なわれている（写真5を参照）。また、写真6のように収集用車両も老朽化しており、台数も不足している。

4. 感想

　モンゴルフィールドスタディ参加を通じて強く感じたことは、私たちはモンゴル人であるにも関わらず、自国の豊かな自然、多様な動植物の種類、それぞれの果たす役割、遊牧生活の特徴、環境問題の現状などあまりにも知らないことがたくさんあるということだった。

　本プログラムの担当教員と先輩方の指導のもと、また日本人学生との交流からグループ内の議論や調査活動、現地モンゴル人の話を伺うことによって、ハタネズミをはじめ様々な種類の動植物とその役割、モンゴルにおける環境問題の現状、原因について情報を得て、知識を深めることができた。それから、日本の学生から学んだのは、ある課題に対して準備段階から成果発表までの各段階で地道に、継続的に作業を進めることの大切さだった。

　大草原のボコボコ道をロシア製のポルゴンという車で10時間以上ひたすら走り続け、思先生の厳しい指導のもと、参加者全員が一致団結したからこそ実現したモンゴルフィールドスタディだった。国境を越えて今も交流を続けている仲間ができたことにも感謝したい。

「北九州と私たちの経験から」

北九州市立大学

‥‥‥‥尾澤あかり、平良慎太郎、渡部胡春

1. 参加に至った経緯

2. 事前学習

3. 現地学習

4. 事後学習（帰国後の取り組みや今後の展望）

報告②

北九州と私たちの経験から

北九州市立大学：尾澤あかり、平良慎太郎、渡部胡春

1. 参加に至った経緯

　福岡県北部に位置する北九州地域は古くから工業の街として栄えた一方で、深刻な公害を経験し、それを克服した歴史がある。その歴史は、先進的な環境産業や環境学習施設へとかたちを変え今でも残っており、私たちの通う北九州市立大学でも環境教育が行われている。

　北九州市立大学北方キャンパスでは、外国語学部、経済学部、文学部、法学部の4学部と地域創生学群を含めた5つの主専攻があるが、全学部・学群の学生を対象に（成績など条件があるが）副専攻「環境ESDプログラム」が提供されている。ESD（Education for Sustainable Development）とは日本語で「持続可能な開発のための教育」と訳され、持続可能な社会の担い手を育む教育を指す。つまり、環境ESDプログラムは環境という視点から、持続可能な社会の実現を目指して自分は何をすべきなのかを考え行動することを学ぶことができる。例えば、身近な学生の学習事例として、北九州と沖縄の沿岸で漂着ごみ拾い活動を行いながら地域のごみ問題の比較研究を行ったものや、エコバッグの持参や節水、節電など小さくてもエコな取り組みを1ヶ月間毎日1つずつ実践し、その様子をSNS（Twitter）で配信するなど、様々な取り組みが挙げられる。

　私たち3人は環境ESDプログラムを履修し、モンゴルフィールドスタディに参加した。このプログラムは2019年春に地域共生教育センターに着任した特任教員の岸本紗也加先生が担当していた。先生は大阪大学でモンゴルフィールドスタディの参加、引率の経験があるが、今回は北九州市立大学で初めて実施された。

2. 事前学習

　モンゴルフィールドスタディに参加するにあたり、私たちは北九州の歴史、その中でも公害に関する歴史について学んだ。

　北九州の公害の歴史は1901年、政府の殖産興業のスローガンのもと当時の八幡村に

おける官営八幡製鉄所の創業に始まる。複数あった建設予定地の中でこの八幡村が選ばれたのは、中国大陸や筑豊炭田が近いことによる原材料の入手のしやすさ、海に近く軍事防衛上の利点があったためだと言われている。

　一般的に、産業は農業や漁業といった第一次産業から第二次産業、第三次産業へと発展していく。しかし、八幡村は違っていた。産業と呼べるものが何もなかった辺鄙な村に、国家という強大な資本によって製鉄業が舞い降りたからである。創業から数年後、日露戦争の勃発による鉄の需要増加や、技術革新・重工業の発展に伴う合計3度に渡る拡張工事を経て、国内の大半の需要を賄う大規模な製鉄所に成長した。当時の日本政府の経済政策を背景に官営八幡製鉄所を中心とした重化学工業が発展し、北九州は日本の四大工業地帯と呼ばれるまでになった。

　当時、北九州の住民にとって官営八幡製鉄所をはじめとする工場群とそれらが出す排煙は発展の象徴であり、地域の誇りだった。北九州市八幡東区の高炉台公園には、北原白秋の詩碑が残されている。「山へ山へと　八幡はのぼる　はがねつむように　家がたつ」

　八幡音頭は「燃える思いのあのけむり」、製鉄所の社歌は工場から出る鮮やかな色の排煙を空を駆ける虹に例えて「七色の煙」と歌った。発展の一途を辿るように見えた北九州だったが、その発展の最中、住民の健康被害が相次いだ。公害との闘いの始まりだった。

　北九州の公害問題は2つに大別できる。1つは工場の排煙による大気汚染である。工場群から出る鮮やかな「七色の煙」は、北九州に深刻な大気汚染と大量の煤塵をもたらした。排煙の色は様々で、赤色が製鉄の際に生じる酸化鉄を含んだ粉塵、黒色が発電用ボイラーの石炭をたいたときの煙で、これらが大気汚染の主な要因であったとされている（写真1を参照）。最も大気汚染のひどかった城山地区ではセメントや石炭の粉、亜硫酸ガスを含んだ風も吹いており、当時の小学生は1人当たり5種類の病気を患っていたという教員の証言も残されている。当時、公害という概念は住民に普及していなかったが、ある大学の研究室ではこのような大気汚染が長引くと工場の近隣住民は45歳までしか生きられないと試算されたほどだった。

　2つ目の公害は洞海湾の水質汚染である（写真2を参照）。工場排水や生活排水が流入し、洞海湾の水質は著しく悪化した。1955年頃までは青々として透明度も5mくらいあり、エビやカニなど様々な海の生き物が生息していた豊かな港湾であったが、10年もすると洞海湾は一変した。悪臭が漂いはじめ、水面は赤銅色に染まった。近隣の戸畑漁港では、停泊船のスクリューが溶けてしまい、動かなくなったという。1966年、

【写真 1】1960 年代の七色の煙に覆われた北九州の空
出典：北九州市. 公害克服への取り組み.（2020 年 3 月 16 日）
https://www.city.kitakyushu.lg.jp/kankyou/file_0269.html

【写真 2】1960 年代、死んだといわれた洞海湾
出典：北九州市. 公害克服への取り組み.（2020 年 3 月 16 日）
https://www.city.kitakyushu.lg.jp/kankyou/file_0269.html

北九州市衛生研究所は調査の結果汚染はすでに極点に達しており、科学的に海水を生き返らせる方法はない、大腸菌も住めないほどだと結論付け住民は言った洞海湾は死んだ、と。

　もう元には戻らないと言われた北九州の空と海だったが、この後奇跡的に回復する。公害克服のきっかけとなったのは、行政でも企業でもなく、地域住民の働きかけによるものだった。北九州市の公害克服が他の事例とは異なる点はここである。住民が大学教授から科学的な環境調査の手法を学び、客観的なデータをもとに企業や行政に働きかけ、住民を中心とした産官学のパートナーシップを形成することによって公害が克服されたのである。公害克服の経験で培われた産学官民のパートナーシップは、現在の北九州のまちづくりや地域の環境保全活動に活かされている。

3. 現地学習

　モンゴルで調査を行うに当たり、私たちは「モンゴルの環境問題に対して、北九州市から来た私たちは何が出来るのか」という視点を重視した。私たちは大阪大学の学生たちのようにモンゴルに提案したいものを考え、出発したわけではなかった。モンゴルの空気を胸に大きく吸い込みながら手探りの作業となった。

　モンゴル到着の翌日、大阪大学とモンゴル国立大学の学生たちと事前学習の成果を発表した。そのとき「北九州から来たみなさんだからこそモンゴルに提案できるものがあるはずです。それは何ですか」と問われた。そこから私たちは毎日のように夜中まで話し合いを重ね、私たちが来た意味について意見を出し合い、悩み続けた。そうした中でもひとつ「これかもしれない」と思うものを見つけた。先述した通り、公害克服の歴史を持つ北九州について学んだなかでも特にモンゴルで取り組みたいと感じた教訓は「パートナーシップの形成」だった。

　公害克服は決して1人の力では成し得なかった。市民、企業、大学、行政、全員で取り組んだからこそ公害を克服するに至ったのである。その歴史はモンゴルの環境問題に対しても大きな役割を果たすことになる。私たちはパートナーシップの発揮によって取り組めること、私たちだから出来ることに着目し、モンゴルで調査を行った。

　モンゴルで調査を始めて数日後のことである。あるものに目が止まった。モンゴルの雄大な草原に転がるゴミだった（写真3、4を参照）。私たちは非常に違和感を覚えた。私たちが想像していたモンゴルの大草原の中には、ビニール袋もペットボトルもポイ捨てされているイメージなど全くなかったからだ。

　北九州市立大学の参加学生の中に、北九州市立大学地域共生教育センターが提供する地域貢献活動の一環として大学周辺のゴミ拾いをしている学生がいた。彼女は定期

【写真3】草原に落ちているゴミ　　　　　　【写真4】散乱ゴミとそれを漁る家畜
　　　　出典：筆者撮影　　　　　　　　　　　　　出典：筆者撮影

的にゴミ拾い活動を行っているため、ゴミのポイ捨てに特に敏感だった。ポイ捨てされているペットボトルやビニール袋を見て「この現状をモンゴルの人たちはどう感じているんだろうか」と疑問に思った。

　そこで私たちはゲル（移動式の住居）で遊牧生活を送る遊牧民の方々と、私たちの調査に同行してくれた運転手さん、モンゴル人の学生に「ポイ捨て」に関する意識調査を行った。遊牧民の方とのお話で分かったのは「自分が出したゴミはもちろん、自分のゲルの近くにあるゴミは、自分が落としていてもいなくても拾うようにしている」というゲル周辺の美化意識だった。しかし、運転手さんやモンゴルの学生に話を伺うと、「ゴミは自分の手を離れた瞬間から自分のものではなくなる」だったり、何よりも「ゴミが落ちていることの何が悪いの？」と疑問を投げかけられた。そのとき、私たちは衝撃を受けたと同時に当たり前の感覚を相手に押し付けていたかもしれないことに気づかされた。

　私たちにとってはポイ捨てはよくない行動であり、止めるべきであり、しないことが当たり前だと思っていた。しかし、モンゴルの人たちにとってはそうではないこともあった。国や環境が違うのだから文化や価値観に違いがあって当然かもしれないが、私たちは日本とモンゴル、この２つの国の人々が持つ「ゴミ」の考え方の違いに、改めて深く考えさせられた。そしてこの考え方の違いこそが、環境問題に対する人々の意識の違いにつながっていると感じられた。

　以上の経験を踏まえ、私たちは２つのことをモンゴルで提案した。まず北九州市立大学とモンゴルの学生による日蒙クリーンアップ活動である。以下、実施目的と内容について説明する。

日蒙クリーンアップ活動
【目的】
①モンゴルの豊かな自然を守っていくこと。

　私たちはモンゴルを訪れ、モンゴルの雄大な自然の力を肌で感じ、この自然を守り続けたいと思った。私たちが提案する活動の根底にはこの想いがある。
②モンゴルの環境に対する意識を向上することでモンゴルの魅力を再発見してほしい。

　詳細は後述するが、ゴミ拾い活動は環境に対する人々の意識を変えるきっかけになり得る。この活動を通じてモンゴルの環境について再考する機会にしたい。

【内容】

①モンゴル国立大学内名古屋大学日本法教育研究センターの学生と共にゴミ拾い活動を行う。おそろいの軍手、ユニフォームを各自で持ち寄り、日本とモンゴルで同時刻に大学周辺の清掃活動を行う。

　これは、モンゴル人の学生の言葉「1人では恥ずかしくて行動に起こせないし、なかなか続かない」から生まれたアイデアである。共に取り組む仲間をつくることは大切であり、仲間には国境も立場も関係ない。全員で取り組んでいきたいという思いから提案した。なお、写真5、6は実際に北九州でゴミ拾い活動を行う「地域クリーンアッププロジェクト」のメンバーの集合写真と活動の様子である。

【写真5】 定期清掃活動をしている学生メンバーら

出典：筆者撮影

【写真6】 北九州市立大学と地域住民が実施しているゴミ拾い活動の様子

出典：筆者撮影

②日本とモンゴルの子どもから大人までを対象に SNS で活動発信を行う。

　モンゴルで発信力が最も高いとされるソーシャルメディアは Facebook だそうだ。Facebook を通じて多くの人にこの活動について知っていただき、ゴミや環境について考える機会を届ける。

③日本とモンゴルで活動紹介のための広報物を作成し、配布する。

　活動は身内だけでやってもほとんど意味がない。活動を周知し、参加することで得られる効果は大きい。広報誌を作成し、国内外に配布する。私たちにとっても広報誌の作成・配布を通し、活動に対する想いについて再考する機会となる。また、私たち日本人はモンゴルについて知識や情報に乏しいような気がする（少なくとも私たちは渡航前、モンゴルと聞くと、草原、ゲル、相撲ぐらいしか思い浮かばなかった）。そこでモンゴルの紹介記事も掲載すれば、日本でモンゴルに興味、関心を抱く読者が増えると予想される。

　私たちが伝えたいことは、「ポイ捨てはいけない」ということではない。ゴミ拾いという清掃活動を通じて、環境意識を変えるきっかけを提供したいと思っている。これまでは道端に落ちているペットボトルやビニール袋はただのゴミでしかなく、自分には何ひとつ関係のないものだったかもしれない。しかし、自らゴミ拾いというアクションを起こすことで「ゴミが落ちている。拾わなければいけない」という思いや「ゴミってそもそも何だろうか」といった新たな問題意識、「自分が環境に対して取り組めることって何だろうか」といった思考の発展につながるひとつのきっかけになると考えている。

　私たち自身も北九州で地域活動に参加することで、はじめは趣味に近い感覚で参加していた活動が習慣化し、次第に問題意識を芽生えさせ、次の行動につながるという実感やプロセスをまさに体験してきた。そして、モンゴルフィールドスタディに参加した私たちは何よりも、多くの課題を自分事化するには実践に現場に赴き、とにかく活動しなければならないということ、現場でしか得ることの出来ない本物の学びがあふれていることを身をもって感じた。

　大きなことをする必要はない。小さな一歩の積み重ねがやがて大きな力になる。ゴミ拾いは、私たち大学生が出来ること、私たちだから出来ることを行っていくという意味でアクションを起こしやすい活動だと考える。

　次に、北九州市立大学とモンゴル国立大学の学生、企業、自治体とのパートナーシッ

プの形成について述べたい。

【企業・自治体との連携を通じて】

①モンゴルの学生を北九州に招く日本スタディツアーの実施

　これは北九州市滞在型のスタディツアーである。

　公害克服の歴史を持つ北九州市の企業や自治体ならではの先進的な技術や環境教育の実施状況を、モンゴルの学生たちが見学、体験し、帰国後にモンゴルでの環境の取り組みのヒントにする。具体的な活動先として、北九州市環境ミュージアムと北九州市立水環境館が挙げられる（写真7，8を参照）。

【写真7】 北九州市環境ミュージアム

出典：北九州市環境ミュージアム．環境ミュージアムってどんな所？（2020年3月19日）https://eco-museum.com/greenaction00.html

【写真8】 水環境館

出典：北九州市立水環境館．（2020年3月19日）https://mizukankyokan.jp/

②北九州市の学生による継続的なモンゴル訪問

　今回モンゴルに滞在して感じたのは、当たり前かもしれないが1度きりの訪問だけでモンゴルのすべてを理解するということはほぼ不可能だということだ。何度も継続して訪問しなければわからないことがたくさんある。私たちは今後も継続してモンゴルを訪問し、モンゴルの自然環境を守り続けるために、自分たちに出来ることを、モンゴルの人々とともに一緒に考え続けたいと強く感じた。

　北九州の公害克服の歴史から学んだことのひとつにパートナーシップ形成がある。様々な立場の人たちが協力し、一丸となって取り組んでいくことでかたちになるものが必ずあると思う。北九州の公害克服の歴史から学んだ教訓は、人々に語り継ぎ、受け継がれなければ意味がない。北九州市に住んでいる、歴史を学んだ私たちだからこそ出来る実践がある。

　以上2点が、私たち北九州市立大学の学生がモンゴルで過ごした日々を通して提案

し、実行しようと決めたものである。この2つの提案で特に大切にしていることは大人でも企業の人でも、政府でもない。私たち大学生が動き出すということだ。私たちがまずは一歩を踏み出す。この気持ちを一番大切にした。

4. 事後学習（帰国後の取り組みや今後の展望）

　モンゴルでの学習を通して私たちは様々なことを経験し、感じた。特に驚いたことは、私たちも自然の一部だという環境意識である。かつて私たちは人間と自然環境は互いに交わることのない別個の概念であると無自覚に思っており、「自然環境は保護しなければならない」と考えていた。しかし、モンゴルの雄大な自然に飛び込み、伝統的な遊牧生活を観察する中で、人間とは自然環境の一部なのであり、守るか、あるいは守らないかの話ではなく、人間と自然環境との共生が一つの倫理であることに気づかされた。

　モンゴルの自然環境について感じたことは私たちの提言に繋がっている。私たちはモンゴルでのゴミ拾い活動と、パートナーシップ形成を通してモンゴルと関わりを持ち続けるという2点を提案させていただいた。私たちの中で強くあった想いは「大学生から動き出すこと」、そして何よりも「モンゴルフィールドスタディで得たものをここで終わらせない」という想いだった。

　「楽しかった。最高の思い出だった」それは確かにそうなのだが、実際に現地に訪れた私たちだからこそ知ったモンゴルという国、実際に滞在して感じた自然環境に対する疑問などを私たちだけの知識や情報として閉じてしまうのではなく、多くの人たちに伝えていくこと、残していくことこそがモンゴルの、そして私たち自身の新たな一歩になる。

　私たちは帰国後、3つの報告会に参加し、活動の成果や私たちの提案を発表した。3つの報告会とは、学内での学長報告会、500人規模で行われた学内の講義「環境ESD入門」、そして大阪大学で開催されたフィールドスタディ報告会である。私たちが感じたことを伝えるためと言うことと、私たちが伝えることでまた新たなアクションが生まれたらという想いを込めて発表した。実際に講義などでの発表を終えると「今まで知らなかったモンゴルの現実を知ることが出来た」、「自分に出来ることをやってみようと思った」、「自分も何かチャレンジしてみようと思った」など様々な感想が寄せられた。私たちは自分に出来る何かや動き出すチャンスを模索する大学生というのはとても多いと感じている。だからこそ、私たちが得た知識や情報、意見を発信すること

が何よりも大切である。報告発表を通して私たちはこのことをより強く感じた。

　また、私たちはゴミ拾い活動の実施に向けて準備を進めている。日程や地域、ゴミ拾い活動を象徴するカラー、プロジェクト名称の選定や清掃に必要な備品のリストアップなど、少しずつではあるが日蒙合同活動の実施に向けて着実に一歩踏み出そうとしている。日時は未定だが、必ず自分たちの手で実施したい。

　モンゴルから帰国し、私たちはいくつかの変化を感じた。冒頭でも述べたが、私たち北九州市立大学の学生は全員、地域共生教育センターの学生運営スタッフであるだけでなく、地域に赴き、地域課題の解決やよりよい地域づくりに向けた様々な活動を行っている。帰国後、いつものように活動に参加していたとき、「地域でお世話になっている人たちのために何が出来るのだろうか」、「他にも新しい取り組みが出来ないか」など普段は何気なく活動していたのが、地域のことを、自分のことをより深く考えるようになった。また、地域共生教育センターという、学生が「地域で何か活動がやりたい！」と思えばいつでも、何らかの活動ができるような環境が、当たり前にあることの素晴らしさを改めて感じた。私たちは地域共生教育センターとご縁があったからこそ、モンゴルのフィールドスタディに参加することができた。これからも地域共生教育センターが私たち学生にとって、フィールドでの活動のきっかけや学びの場を提供してくださるように、私たちに出来ることを毎日地道に行っていこうと心を新たにした。

　さらに、私たちの考え方や価値観にも大きな変化があった。モンゴルと日本の生活環境は異なっており、気候も食事も違うものばかりだった。しかし、モンゴルでは一見すると「何もないように見える環境の中にある何か」を感じた。当たり前であることが実はかけがえのないものだということを知ることができた。

　私たちはモンゴルフィールドスタディの中で出会った人たちや訪れた場所で次のようなことを感じた。少し抽象的な話になるが読んでいただきたい。

　毎日朝起きてご飯を食べて大学に通って講義を受ける。友人と喋ってアルバイトをしてお風呂に入って布団に入って眠る。何も変わらない今まで通りの日常生活の、その1つひとつが実は当たり前ではないこと、他の国では異なるかたちで生活が営まれていること、私たちの中の当たり前はなにも当たり前ではなくて、それぞれの人間に大切にしたい時間や価値観があるのだということ。それは本当にかけがえのない感覚なのかもしれないということ。いつも同じ場所にいては見い出し難い新しい自分がいる。モンゴルに滞在することで改めて「世界の中の自分」に気づくことができた。私たちは日頃からたくさんの人たちに様々なものや環境を与えてもらって生き、生かさ

【写真 9】 北九州市立大学の参加学生とモンゴルの大学生
（左から平良、ツェベルマー、渡部、尾澤）
出典：トモルホヤグ撮影

れている。だからこそ、私も誰かを生かすことのできる、共に生きてゆく存在であり
たいと思う。

　最後に、私たち北九州市立大学の学生は様々なご縁や繋がりがあって 2019 年にモン
ゴルフィールドスタディに参加することができた。本当にかけがえのない、一生の宝
を得た。モンゴル現地で調査を行っている間は、北九州市立大学も大阪大学もモンゴ
ル国立大学も関係なかった。学生と先生間の壁も超えて、皆が対等で自由だった。

　私たちにとってフィールドスタディやスタディツアーと題した体験型プログラムへ
の参加は今回が初めてというわけではなかった。帰国後も別のプログラムに参加した
りもした。しかし、これほどまでに参加者、地域での協力者や住民など、心の底から
仲間だと言えるメンバーに出会い、一体感を感じたのはこのモンゴルフィールドスタ
ディだけである。満点の星空を眺めつつ、皆で遅くまで語り合った夜のことを私たち
はずっと忘れない。素敵な仲間とモンゴルフィールドスタディに参加できたこと、一
生の仲間に出会えたこと、そのすべてに感謝の気持ちで一杯である。このご縁を大切
に、私たちに出来ることだけでなく、新しいチャレンジにもこれから取り組んでゆき
たい。

主要参考文献
四方洋. 1991.『煙を星にかえた街 ── 北九州市の挑戦』講談社.

報告③

「環境教育プログラムの提案」

大阪大学 プログラム班

‥‥‥‥‥ 赤岩寿一、小田大夢、吉田泰隆、宮ノ腰陽菜

1. はじめに ‥‥‥‥‥‥‥‥ 宮ノ腰陽菜

2. トール川におけるプログラム
　‥‥‥‥‥‥‥‥‥‥‥‥ 赤岩寿一
　2.1　目的
　2.2　場所
　2.3　対象年齢と人数
　2.4　プログラムの概要・教育的ねらい
　2.5　具体的なプログラム内容

3. オンギー川におけるプログラム
　‥‥‥‥‥‥‥‥‥‥‥‥‥ 小田大夢
　3.1　目的
　3.2　場所
　3.3　対象年齢と人数
　3.4　プログラムの概要・教育的ねらい
　3.5　具体的なプログラム内容

4. 生物多様性保全教育センターにおける
　プログラム ‥‥‥‥‥‥‥ 吉田泰隆
　4.1　目的
　4.2　場所
　4.3　対象年齢と人数
　4.4　プログラムの概要・教育的ねらい
　4.5　具体的なプログラム内容

5. モンゴル羊脂石鹸の可能性
　‥‥‥‥‥‥‥‥‥‥‥‥ 小田大夢
　5.1　着想
　5.2　石鹸づくりの意義
　5.3　理論
　5.4　実験材料
　5.5　実験操作
　　5.5.1　注意
　　5.5.2　羊脂石鹸
　5.6　実験結果
　5.7　考察
　5.8　おわりに

6. ろうそく作りの試み ‥‥‥‥ 吉田泰隆
　6.1　目的
　6.2　実験材料、道具
　6.3　実験手順
　6.4　実験結果
　6.5　考察

7. ホフテンゲル賞 ‥‥‥‥‥ 宮ノ腰陽菜

8. おわりに ‥‥‥‥‥‥‥‥ 宮ノ腰陽菜

報告③

環境教育プログラムの提案

大阪大学 プログラム班：赤岩寿一、小田大夢、吉田泰隆、宮ノ腰陽菜

1. はじめに

　初めて降り立ったモンゴルの地、ウランバートルは都会だった。大きなビルが立ち並び、人々が集まる広大な広場もある。モンゴルとはいえ、首都はこんなものかと思った。その時であった。ビルの向こう側に、雄大な山が広がっているのである（写真1を参照）。それは、よく写真で目にしていたような、なだらかな草原に覆われた山だった。都会のこんな近くに雄大な自然が広がっているのかと、非常に驚いた。モンゴルの美しさに気づいた瞬間であった。

　モンゴルの自然は、何も特別に豊かだというわけではない。モンゴルの生態はタイガの森、草原、砂漠の大きく3つに分かれており、そのどれもが乾燥した気候にある。そのため、水が何より重要であった。モンゴルの人々は長い時間をかけて、決して豊かとはいえない自然とともに生きてきた。モンゴルの人々にとって自然は対置ではな

【写真1】 ウランバートルの中央、スフバートル広場
（近代的な街並みの奥に、なだらかな山が広がっているのが見える）

出典：筆者撮影

く、より大きなものに組み込まれた、対等なものであった。

しかし近年、モンゴルの変化は激しい。それは単純な変化ではなく、大きく3つの変化によって生まれる複合的な変化に直面している。政治的変化、経済的変化、社会的変化である。

ひとつ目は、社会主義の影響である。モンゴルは1924年に世界で2番目の社会主義国として成立し、その社会主義体制は1992年にモンゴル国と改称するまで続いた。その社会主義体制の下、遊牧民らに多くの制限が設けられた。例えば、遊牧民の移動できる範囲が狭まった。昔は数十kmという距離を年間を通して移動していたが、肉眼で見える程度の範囲（十数km程度）での移動にとどまるようになった。また、以前はより適した土地を求め季節ごとに移動し続けていたが、今では主に夏と冬の年に2回しか移動しない傾向にある。

ふたつ目は、資本主義による影響である。現在モンゴルの首都ウランバートルには全人口の約45％が集中し、都市開発も推進されている（World Population Review, 2020）。その原因は進学や就職などいくつかあるが、一方で遊牧民の数は減少している。また資本主義経済の影響によって経済格差も顕著になり、それが「ニンジャ」（違法砂金採掘者のこと。アメリカのテレビゲーム「タートルズ」から引用された言葉。彼らの姿や持ち物がゲームの登場人物に似ていることからこのように呼ばれている）を生み出したり、遊牧民の減少を加速させたりしている。

最後に、地域と地球規模の2つから変化を捉えることができる。地域規模でいうと、①ゴミのポイ捨てや不適切な処理、②汚水排出、③大気汚染などが挙げられる。地球規模でいうと、①温暖化による降雨量の減少、②永久凍土の溶解、③草原の乾燥化である。前者が人の健康を害することは言うまでもないが、すべての問題を通してモンゴルの自然は変わってきている。この変化は、モンゴルの人々がモンゴルの自然に適応し、ともに生きてきた時間に比べると一瞬の出来事であり、かつ今までの生き方で捉えられる範囲を大幅に超えている。

本稿では、モンゴルにおける環境を、それまでモンゴルの人々がつくり上げてきた自然との生き方、すなわち伝統という側面から考察し、それを現代の文脈に置き換えることで伝統の再解釈を試みる。その後、モンゴルの環境の未来を考えるため、具体的なプログラムを提案する。これらのプログラムは、モンゴル国環境省等関連省庁と連携し、パイロットプロジェクトとして今後実践される予定である。

環境と伝統と、その再解釈

　「川を汚してはいけない」、「家畜の屠殺を行う際、血が草原の上に垂れてはならない」、「土を掘り返してはならない」など、モンゴルには環境に関する伝統が多い。「川を汚してはいけない」に注目してみよう。前述したとおり、乾燥気候のモンゴルでは、水は最も重要な資源である。実際モンゴルの英雄チンギスハーンは川を汚してはならないという法律を制定し、公共財としての水の重要性が早くから認識されている。私たちも白い柳のそばでキャンプを行った際は、この伝統を尊重して行動した。皿洗いや洗濯を川で行うのではなく、川の水をたらいですくい、川の水を沸かしたお湯を上手に使いながら川から少し離れたところで行うのである（写真2を参照）。お湯を使うことで、洗剤を使わずともきれいに汚れが落とせた。その排水も川から少し離れたところで流し、川に直接流れ込まないよう配慮した。

　しかし、現代ではそういった伝統は形骸化してしまっている。ウランバートルに住む人々は皿洗いに洗剤を使い、遊牧民たちも洗濯機で洗濯をする。また、人口が都市に集中することで従来の生活形態であった遊牧から離脱する人が急増しており、伝統を表面的に解釈するわけにはいかなくなっている。さらに資本主義経済の導入で以前に比べ貨幣の重要性が増し、教育が労働の機会を大きく左右するようになった。そのためモンゴルの伝統的な慣習「土を掘り返す」という行為への違反に罪悪感を覚えつつ、砂金採取をやめることができない状況に陥っているニンジャたちがいる。ニンジャたちの活動は川の上流で行われるため、モンゴルの伝統に反するだけでなく中流以降の川の汚染につながっている。

　以上のように、モンゴルの伝統は環境と密接に関係しており、それがモンゴルにおける人と自然の関わり方であったと考えられる。しかし近年、社会は急速かつ大きな

【写真2】オンギー川のほとりで皿洗い

出典：筆者撮影

変化を迎えており、モンゴルの人々の生活は大きく変わった。そのため、人と自然の
バランスが崩れてしまっているのが現状である。モンゴルでは「自然に対する行為は
自分に返ってくる」という言葉があるが、まさにその通りであり、社会が大きく変わっ
ている今こそ伝統を再考しなければならない。自然は人々が生きるために必要な資源
であり、その決して豊かとはいえない自然を公共財と信仰の対象とみなし、人々が生
活するなかで育まれてきたのが伝統であると解釈できる。すると、伝統とは人と自然
の付き合い方そのものであるが、そういった見方による伝統の解釈や、現代の文脈に
おける伝統の位置付けはほとんど発達していない。

　モンゴルの自然を考えるうえで、アネハヅルと恐竜がキーワードになる。アネハヅ
ル（写真3）は草原に棲む世界最小のツルで、5,000～8,000 m という高度で移動する
渡り鳥である。ときにはヒマラヤ山脈を越える群もあり、モンゴルには夏に訪れる
（Private Zoo Garden）。またモンゴルは恐竜の化石の発見数が世界第2位という恐竜大
国である。すなわち、アネハヅルはモンゴルの空間的広がり、恐竜は時間的広がりを

象徴すると言える。モンゴルという
国の環境は一国で完結しているわけ
ではないため、より広い視点で考え
る必要がある。遥か遠い昔に思いを
馳せ想像することで、新たな未来を
創る必要がある。モンゴルの環境を
考えるためには、大陸規模、地球規
模の視点が必要である。それらの育
成を目的としてモンゴルにおける環
境教育プログラムを提案し、将来的
には西洋の理論の借用ではない、モ
ンゴル独自のモデルと方法論を確立
することを目標とする。

【写真3】アネハヅル

出典：思撮影

環境プログラムの提案

　本稿の前半では、具体的な環境プログラムを3つ提案する。舞台となるのは、トー
ル川、オンギー川、生物多様性保全教育センターである（図1、表1を参照）。

　それぞれ ①プログラムの目的、②場所、③対象年齢と人数、④プログラムの概要・
教育的ねらい、⑤具体的なプログラム内容の5つの項目を含み、それぞれに独自性を

【図1】 モンゴルと環境プログラムの舞台

出典：筆者作成

【表1】 全体スケジュール

	6月	7月	8月		9月
トール川	協力小学校への周知・募集	参加者選抜	事前学習	4日間×2回 1回のみ大学生参加	発表準備
オンギー川				4泊5日×1回 1回のみ大学生参加	
生物多様性保全教育センター				2泊3日×5回 1回のみ大学生参加	ホフテンゲル賞

（8月と9月の間：選抜者のみ）

出典：筆者作成

持たせている。

　後半では、プログラムで教育の一環として用いる石鹸とろうそくに焦点を当て、その作り方や注意点、それらを用いる意義などについて説明する。

　最後にホフテンゲル賞について説明する。ホフテンゲル賞とは、各プログラムの成果を発表する集大成となる大会である。

　今回のプログラムは、主催者であるモンゴル国文部科学省とモンゴル国科学アカデミー生物学研究所の協力により、2020年度から実施予定である。また、実施に当たりウランバートル市内の小学校2校に協力いただく予定である。

　6月はじめに協力校にプログラムの通知が届き、参加者を募集する。6月後半より応

募者の選抜を行い、7 月上旬までに決定する。参加者が決まり次第、各プログラムで指定された事前学習を行い、8 月にプログラム本番を迎える。なお、プログラムは種類によって開催期間や回数が異なっている。各プログラム終了後、優秀者が選抜され、優秀者は各プログラムの最終発表をもとに発表準備をする。最後に 9 月末に行われるホフテンゲル賞大会にて学習成果を発表し、そのなかで特に優秀だった者に対し賞が与えられる。なお、各プログラムにモンゴルフィールドスタディ参加者が運営に参加し、今年度の提案の実践と改善を行う。

2. トール川におけるプログラム

2.1　目的

　このプログラムの大きなテーマは「子供達から発信しよう、水を大切にする気持ち」である。子供達に水質汚染の現状について学ぶ機会を提供し、日常生活と川のつながりの強さを頭だけではなく実体験を通して再認識してもらう。そして、日々の自分の行動をふりかえるとともに、水質保全を意識した習慣形成を目指す。最終的には子供達自身がプログラムでの学びを家族や地域の人々に伝える発信者となり、社会全体でモンゴルの環境を守る原動力となることを願う。

2.2　場所

　本プログラムはウランバートル市内トール川流域の小学校で実施する。期間は 4 日間である。トール川は、モンゴル国の中部から北部にかけて流れる川で、モンゴルで 3 番目に長い。首都ウランバートルを通ってロシアのバイカル湖に注いでおり、全長 704 km、流域面積 49,840 平方キロメートルのモンゴル屈指の河川である。トール川流域はモンゴル国土の 3.19% を占めるが、流域の生活人口は 115 万人おり、モンゴルの全人口 323 万（2018 年時点）に対して約 35.6% に相当する。その点からも、トール川が住民の生活に欠かせない川であることが伺える。

　ウランバートル市内のゲル地区では写真 4 のように、トール川流域に家屋やゲルが立ち並ぶ。私たちも実際に川を確認し、その距離の近さに驚いた。しかし、現在トール川は水質汚染が問題となっていた。その要因は大きく分けて 2 つある。金鉱からの汚染水、人口過密化によるゲル地区からの汚染水の流入である。私たちはモンゴルの持続可能な開発を目指して、環境問題の 1 つである水質汚染に着目するとともに、個人の行動により後者の問題の解決策を探るプログラムを考案した。

【写真4】 ウランバートル郊外

出典：筆者撮影

2.3　対象年齢と人数

　小学校5、6年生を対象としている。これは実際にプログラムに目的意識を持ち、主体的に参加し、発言できる年齢として定めた。複数の小学校を対象に公募制で生徒30名（1班6人、計5班）を集め、計2回実施する。小学校の長期休暇期間の実施を検討している。

2.4　プログラムの概要・教育的ねらい

　全体で4日間を想定したプログラムになっているが、本プログラムで意識していることは、子供達の学習プロセスを①現状・課題・解決策の思考、②現地での体験・実践、③知識の取得の順で行うことである。これは私たちのフィールドスタディ体験にもとづいている。まず、①において、自分の考えを明確に言語化し、アウトプットする。そうすることで②において現状と自分自身が持っていた認識の差異を明確に自覚することができる。さらに以上のプロセスを挟み、思考に時間を割くことで、現地学習において課題を自分事として捉える効果を高めることができる。

2.5　具体的なプログラム内容

<u>1日目　午前</u>

廃油を用いた石鹸づくり

　ねらいは、廃油の活用方法を知ること、水質に及ぼす影響を知ることである。学校の教室を利用し、2人1組で取り組む。廃ペットボトルを利用することで石鹸の作り方に加え、ゴミの活用法も伝える。石鹸の詳細な作り方に関しては「5. モンゴル羊脂石鹸の可能性」にて説明する。石鹸完成にかかる時間的な都合により、プログラムの

最初に行う。

1日目　午後

ディスカッション

　6人1班で水質汚染の原因とトール川のどこが特に汚染されているかを話し合う。ここでは事前に知識や情報は提供しない。生徒が感じたことを話し合って回答を出し、グループ全体で発表する。複数の要因が考えられた場合は、影響度が大きい順も考えさせるよう誘導する。

ゴミ拾い

　ねらいはゴミの存在を再認識すること、ゴミを分別することの意義を知ること、活動の効果を実感することの3つである。1班につき6人、合計5班で、1時間程度のゴミ拾いを行う。参加者のモチベーション維持と意識向上を目的として、ゴミの重さを競わせる。ただし、分別（燃えるゴミ、プラスチック、金属類など）ができていなければ減点とする。班でゴミ拾いを行わせるのは、安全管理を意図しているためである。時間終了時、優勝班には粗品（お菓子など）をプレゼントする。また、定点カメラにてゴミ拾い前後の川の写真を撮影しておき、プログラム終了後、子供達にポストカードとして配布することで、日々の環境保全行動の意義を実感させる。

　ゴミ拾い終了後、どのような感想を持ったかをそれぞれ発表する。ゴミが長期的に環境に及ぼす影響について座学で学び、1日目が終了する。

2日目

　一日を通してトール川各所に移動し、水質汚染ならびに生態系調査を行う。上流、中流、下流にてそれぞれ移動しながら実施したいが、時間の都合で不可能な場合はあらかじめサンプルを採取しておき、生徒に情報提供を行う。

水質汚染調査

　パックテストを用いた調査を実施する。パックテストでは、排水検査や飲料水検査など業務用に利用されている水質検査キットを用いる。その使いやすさから小学校から大学までの環境教育・環境学習の教材として、河川の水質調査等の目的で幅広く用いられている。難易度の高い項目について生徒には詳細説明を省くが、各項目が関係する水質の要素は解説し、測定結果を踏まえ水質汚染の原因を考案できるよう工夫す

る。

測定方法

　小さなポリエチレン製のチューブ内に調合された試薬が1回分ずつ密閉封入されており、使い捨て可能である。使用時にチューブの栓を抜き、採水を吸い込ませる。

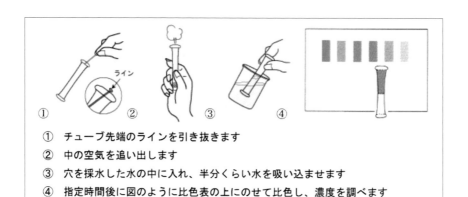

①　チューブ先端のラインを引き抜きます

②　中の空気を追い出します

③　穴を採水した水の中に入れ、半分くらい水を吸い込ませます

④　指定時間後に図のように比色表の上にのせて比色し、濃度を調べます

【図2】パックテストの測り方
出典：CODパックテストによる水質検査（2020年3月23日）
https://www.aburagafuchi.jp/yougo/pdf/pakukaisetu.pdf

測定基準

　パックテストによりpHやCODといった分析数値が得られるため、汚染状況が調査できる。これに関しては株式会社共立理化学研究所のパックテスト測定項目一覧を参照した（https://kyoritsu-lab.co.jp/seihin/list/packtest/）。

生態系の調査

　植物、動物を観察する（写真5, 6を参照）。それらの写真やスケッチをとる。私たちは実際にフィールドスタディを通して、お茶に使われる植物の存在を知ることで、身近な環境が自分の生活に結びついていることを改めて学ぶことができた。そのことからも、身近でありながら普段はあまり目の行き届いていなかった生命と私たちとのつながりを感じる絶好の機会になる。川周辺の生物は川の水質とも関係しているため、水質を判断するひとつの手がかりになるだろう。実際には網や籠を使用し、取り組んでもらう。

【写真5】植物観察で見つけた花

【写真6】キャンプ場で見つけたカササギ

出典：筆者撮影

3日目　午前

ディスカッション

　1日目午後の活動を踏まえ、水質汚染の原因について班内で再び考察し、まとめた内容を発表する。このとき、具体的な原因まで落とし込むことができればなおさら良い（例えば、水の色がこの色だったから家庭の廃油が多そうなど）。工業廃水だけでなく、自分たちの生活も環境に影響を与えていることを伝える。

3日目　午後

ろ過装置を用いた廃水の濾過実験

　ここでのねらいは、水がきれいになることの良さを感じてもらうことである。ここでもゴミ拾いで回収した廃ペットボトルを使用する。水の濾過前と濾過後を比べることでいかにもとの水が汚れていたか、視覚的に理解するきっかけになる。

完成した石鹸を用いた実験

　水辺の生き物が石鹸成分にどう反応するか体験する。水に石鹸を加え、その有害性がなくなるにはどの程度の水量が必要か考える。

3日目　午後〜4日目　午前

ディスカッション、発表準備

　これまでの実践学習を踏まえ、まず個人（家庭）で行う環境保全の取り組みについて考える。その後、班で社会に対して提案できる取り組みについて話し合い、模造紙にまとめる。内容として、トール川の各地点の生態系や水質のデータにもとづき、水質汚染の原因と考えられる場所や被害が深刻な地域を特定する現状分析、市に対する

提案が含まれる。

4日目　午後

最終発表

　まず個人の取り組みを2分間で発表
する（写真7を参照）。その後、社会に
対して提案する取り組みをグループご
とに5分で発表する。発表の機会を個
人でも設けているのは、プログラム終
了後に生徒自らが水質保全活動に取り
組んでほしいという主催者側の願いが
込められているからである。発表後の
審査を経て、最も優秀な生徒に対して
ホフテンゲル賞への参加権を授与する。

【写真7】発表会のイメージ
（実際の発表では模造紙を使用予定）
出典：筆者撮影

　最後に、トール川におけるプログラムの行程表を表2にまとめた。

【表2】プログラム全体の行程表

	午前	午後
1日目	石鹸づくり	議論・ゴミ拾い
2日目	トール川実習 ・水質汚染調査 ・生態系調査	
3日目	議論	廃水の濾過実験 石鹸を用いた実験
4日目	発表準備	最終発表会

出典：筆者作成

3.　オンギー川におけるプログラム

3.1　目的

　オンギー川に生息する生き物やそれを利用する人や家畜の数、オボー（石や木で建
てられた標柱、精霊が舞い降りる目印とされる）の位置、歴史的神話、恩恵、詩など
様々なデータを書き込み、それぞれの思いや考え、未来のオンギー川がどうあって欲
しいかについても書き込み、ひとつの絵にする。

3.2 場所

ウブルハンガイ県の県庁所在地アルバイヘールから車で30分（北東に約30km）ほどのところに位置するツァガンボルガソ（白柳）保護キャンプ地である。キャンプ地周辺を流れるオンギー川は全長437kmの河川であり、中部ゴビ県、ウブルハンガイ県、南ゴビ県をまたぐ。

【写真8】 キャンプ地周辺の様子
出典：筆者撮影

3.3 対象年齢と人数

現地の12年制の小学5、6年生、日本語学校5、6年生、それぞれ15名程度を想定している。ウランバートル市内の小学校は今のところ指定していない。

3.4 プログラムの概要・教育的ねらい

全体で5日間を想定したプログラムとなっている。日本の林間学校のように自然の中での体験を通して、モンゴルの環境について学ぶ。特にオンギー川を取り巻く環境をひとつの絵にする過程を中心に、石鹸づくりや星空観測、写生会、料理づくりなど楽しみながら学んでもらう。子供達の学習プロセスを①現状・課題・解決策の思考、②現地での体験・実践、③知識の取得の順に行う。詳しくは、前項のトール川プログラムを参考にして頂きたい。この地域でしか実現できないキャンプ地周辺の遊牧民やニンジャ達へのインタビューを行う地域密着型の活動である。最終的に、地域住民や家族の前で発表することで子供達から大人たちの環境意識を変えることもねらいとする。

3.5 具体的なプログラム内容

事前学習

• オンギー川について事前にデータ収集

データ収集によって完成する絵の情報が充実する（図3を参照）。自分たちで調べることで、①現状・課題・解決策の思考がなされる（①）。

【図3】オンギー川のイメージ

出典：筆者作画

1日目

- プログラムの概要と理念についてガイダンス

  このプログラムがなぜ行われるのか、参加者に何を望むのかについて案内する（①）。

- 主に水学習

  水を取り巻くモンゴルの環境、オンギー川の現状、様々な水質汚染の原因、それらが与える生物への影響について学ぶ（①）。

- 石鹸づくり体験

  水学習を踏まえ、環境負荷の少ない石鹸を自分たちで作ってみる（②、③）。方法については「5.モンゴル羊脂石鹸の可能性」で述べる。

2日目

- 周辺散策

  キャンプ地周辺を散策し、動物や植物、風景を観察する（②）。

- 写生会、動植物の説明

　周辺の動植物をミクロな視点で観察し、さらに先生からその説明を受けることで知識や情報を得る（②、③）。
- 調理、食事、皿洗い
　モンゴルの伝統的な料理をみんなで作って食べ、川を汚さないことを意識しながら皿洗いをする（②）。羊の脂は他の動物の脂に比べ非常に落ちにくい。それを自分たちが作った石鹸を使って試行錯誤しながら皿洗いをする。体験を通して学びを得る（③）。
- 星空観測
　水というテーマからは外れるが、子供たちは周辺に明かりがない状況で、いかにモンゴルで星が美しいか知る。

3日目　午前
- 河川清掃、ゴミ分別
- 濾過装置づくり
　実践方法は参考文献を参照いただきたい（②）。

3日目　午後
- 2グループに分かれ、鉱山見学、遊牧民へのインタビュー調査
　ニンジャや遊牧民の人たちにインタビューをすることで、地域の人々の現状について学ぶ（①、②）。

4日目
- インタビュー結果の共有
　インタビューで得られた内容を自分の言葉にして他者と共有し、理解を深める（③）。
- 発表準備
　発表に向けて地図の作成、発表資料をまとめる。

5日目
- 家族と関係者を集め発表会
　人に伝えることで、学んだことを自分の知識とし、子供から大人の意識も変えていく（③）。

　最後に、表3に本プログラムの行程表をまとめる。

【表3】 プログラムの全体行程表

	午前	午後
1日目	ガイダンス	石鹸作り体験
2日目	周辺地域の観察	
3日目	河川清掃、ゴミ分別 濾過装置作り	鉱山見学 遊牧民へのインタビュー
4日目	インタビュー内容共有	発表準備
5日目	最終発表会・振り返り	

出典：筆者作成

4. 生物多様性保全教育センターにおけるプログラム

　フィールドスタディを通じて、現地の人々と交流し、環境問題や伝統など、様々な話を伺うことができた。そこで、私はどのような環境教育がモンゴルの小学生たちにとって必要かについて考え、生物多様性保全教育センターにおける学習プログラムを考案した。

4.1　目的

　本プログラムの目的は、モンゴルの小学生たちに自然環境と伝統について理解し、学習してもらうことである。普段の学校生活ではあまり感じることのできない自然を生物多様性保全教育センターで学ぶ。また、教育センター周辺地域における活動を通じ、何気ない日常の行動に根差す伝統についても学習する。子供達の環境意識を養い、自然の多様性に気づいてもらえれば幸いである。

【写真9】 生物多様性保全教育センター建設予定地
出典：筆者撮影

4.2　場所

　本プログラムの開催地である生物多様性保全教育センターは、首都ウランバートルから80 kmほど北上した場所建設予定であり、都心からのアクセスも比較的良く、隣にはキャンプ場がある。当センターの概念図は図4に示す通りである。今回提案する

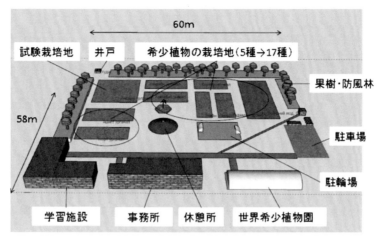

【図4】 生物多様性保全教育センター概念図
出典：バトツェリン、思沁夫作成

　プログラムは夏季休暇期間中に小学5、6年生を対象に実施するものだが、春と秋はウランバートル市内の小学生から大学生を対象とした環境教育を行うことも可能である。また、当センターは一般公開され、年間を通じて世界の希少植物が観察できる。なおセンターは助成金[1]によって2021年に完成予定である。

4.3　対象年齢と人数

　プログラムの対象となるのは、夏季休暇を利用し、センター近くのキャンプ場を訪れる小学生5、6年生とその保護者である。各学年10人ずつで3日間のプログラムを実施し、これを複数回開催する。その中で特に優秀な生徒に対してホフテンゲル賞を授与する。

4.4　プログラムの概要・教育的ねらい

　全体で3日間を想定したプログラムとなっている。最終日の発表会ではセンター職員だけでなく参加した小学生の保護者にも参加してもらう。小学生だけでなく、保護者に対する学習効果も期待される。

　まず、小学生への影響としては普段はあまり意識しない、身の回りの自然環境に興味を持ち、モンゴルの伝統や文化にふれることである。発表会に向けた準備では、普段の学校の授業では機会の少ないグループ活動などを取り入れているため、自主性の

　1）公益財団法人りそなアジア・オセアニア財団による環境プロジェクト助成金のこと。

向上が期待される。

　次に、保護者への影響として発表会で子供たちの意見を聞くことで、環境意識を間接的に学ぶことが可能となる。「はじめに」で述べたキーワード、恐竜のように現在だけでなく幅広い時間軸に視点を拡大してモンゴルの未来を考えてほしいという主催者側の願いが込められている。

4.5　具体的なプログラム内容

`事前学習`

　当センターにおける学びをより一層深いものにするため、参加が決まった小学生に対して事前に2つの課題を与える。

　まず、身の回りの植物の観察・調査である。公園などに植えられている植物の花や葉の形を観察し、名前も調べる。観察してまとめるという作業を事前に行うことで、教育センターでの観察もとまどいなく進められるはずである。

　次に、スーテーツァイというモンゴルのミルクティーについてである。家庭でよくつくられ、日常的に飲まれている。家庭によって材料や味が異なるため、各家庭でスーテーツァイの調査をする。

`1日目　午前`

　過去から現在への流れを理解し、環境に対する興味や関心を持つことを目的とする。モンゴルの環境変化など基礎知識を学ぶ授業を行う。モンゴルの自然環境の変遷を時間軸に沿って歴史とともに学習する（図5を参照）。

　過去の植生および地域環境については写真を用いるなどして視覚情報を多くする。現在の都市部の環境について考えるときは同じ地点の昔と今の写真を比較し、どのような環境問題があるのか小学生自身で考える。その後、センター職員がなぜこのようになったのか、経緯と原因の詳しい解説を行う。

`1日目　午後`

　ここからは小学5年生と6年生に別れて行動する。学年ごとに異なる課題を設定したのは、小学生たちが発表会でそれぞれの学習成果から刺激を受けてほしいからである。

　5年生は生物多様性保全教育センターで希少植物を観察する。世界中の植物を観察し、気候の違いが植物にどのように影響するのかについて学ぶ。これらの植物をど

【図5】モンゴルの自然環境の変遷（時間軸に沿って学ぶ）

出典：筆者作成

してここで保全する必要があるのか。単にもともとの数が少ないからなのか。何かし
らの影響で少なくなったのか。だとすればその原因は何なのか。このような質問をも
とに理解を深めていく。

　また、モンゴルにはアネハヅルという渡り鳥が生息する。アネハヅルはモンゴルや
北東アジアで繁殖し、9〜10月になるとヒマラヤ山脈を越え、インドで越冬する。こ
のように、モンゴルが「世界とつながっている」ことを表す空間的象徴であるアネハ
ヅルも観測したい。

　一方、6年生にはセンター職員ができるだけ具体的な学習テーマ（自分たちが考え
る自然の美しさ、多様性など）を与え、それに対して個人で取り組む。センター周辺
地域で写真撮影する、神話を探す、参加した生徒の親に聞き取り調査をするなど様々
な方法が挙げられる。5年生と比較すると難しい学習テーマでもあるため、参加者の
選定も重要となるだろう。

2日目

　5年生と6年生が合流し、センター周辺地域の観察を行う。ここでは野草の観察や
収穫を行う。そのとき、この草はお茶にするとおいしい、あの草は頭痛がするときの
薬になるといった知識や知恵をセンター職員から学ぶ。摘み取った野草を持ち帰り、
自分たちでミルクティーを作る。小学生たちが多数の野草でお茶を作って飲み比べを
する。独特な風味を味わいつつ、味の違いも考える。

【写真10】 食事を楽しむ学生たち
出典：宮ノ腰撮影

　私たちがモンゴルで Сүүтэй цай（スーテーツァイ、モンゴルのミルクティー）を飲んだときと同じような感動を小学生たちにもぜひ味わってほしい。写真10は私たちがバトツェリン先生（モンゴル科学アカデミー生物学研究所）のお宅を訪問し、食事を楽しんでいる様子である。少しわかりにくいが、手前のコップに入っているのがスーテーツァイである。

3日目

　最後に、5年生と6年生の各グループに分かれ、これまでの活動を模造紙1枚にまとめる。午後から各班10分程度の発表をおこなう。この3日間で何をしてきたのか、何を感じ取ったのかなど振り返り、まとめる大事な機会となる。

　表4は本プログラムの行程表である。

【表4】 プログラムの全体行程表

	午前	午後
1日目	基礎知識の授業	5年生：センターでの観察学習 6年生：テーマ別学習
2日目	周辺地域の観察	
3日目	発表準備	最終発表、振り返り

出典：筆者作成

5.　モンゴル羊脂石鹸の可能性

5.1　着想

　石鹸の歴史は古代ローマに遡る。神への捧げ物として羊を調理し、抽出された油が灰と反応し、漂白作用を持った土として誕生したとされる。モンゴルの羊脂を使った石鹸はここに着想を得た。さらにモンゴルの羊は石鹸づくりに適している。なぜなら、モンゴルの羊は脂尾羊といってお尻に脂肪を蓄えた種である。日本で見るようなお尻に脂肪を持たない羊よりも多くの脂を手に入れることができる。それゆえに、石鹸製

作に非常に適していると考えた。

5.2　石鹸づくりの意義

　モンゴル羊脂石鹸づくりに当たって、3つの意義が挙げられる。1つ目が環境保護、水質保全の観点。2つ目が、モンゴル人の食生活の変化を背景とする羊の脂の廃棄が増えていること。3つ目にモンゴル人の文化的な象徴が羊だからである。

① 環境保護、水質保全の観点

　私たちが活動を行なった地域はオンギー川やトール川など水と密接に関わっていた。同時に水質汚染に悩まされていた。上流での鉱山開発、河川での車の洗浄、川での洗濯、また過剰な家畜の飼育で川が汚れてしまい、水面が泡立っている様子が見られた。

　海のないモンゴル国において、河川は生命の源である。シャーマニズムに起因し、川や大地を血や乳で汚してはならないという風習があり、大昔からモンゴル人は川を神聖視してきた。チンギスハーンの時代には川を汚す行為が大ヤサ[2]によって禁じられ、破った者は厳しく罰せられた。それにもかかわらず、現代において、近代化の流れの中で他国の例にもれず、都市部では伝統的な風習が廃れ、自然に対する畏れを失ってしまった人たちも多いようである。

　しかし、自然破壊をすれば自分たちに実害として返ってくるのは必然である。日本では足尾銅山鉱毒事件や水俣病のように河川や海、水を取り巻く環境、生物に大きな影響を与え、人間の健康や生命を脅かした。そうした水質汚染の問題に関して、日常生活において発生する排水をできるだけ環境負荷の少ないものにするため、石油由来の石鹸ではなく、自然の浄化作用で分解されやすい動物由来の石鹸を作ることが有効だと考える。

　石油由来の合成洗剤は石鹸と同様、界面活性剤[3]である。石鹸カスが残らないことと、洗浄力の強さから洗濯機の普及に伴って広く使用されるようになった。しかし、合成洗剤は強力な界面活性力によって長時間に渡り必要以上に油を落としてしまう。それは、水中に住む生物の呼吸器官にダメージを与え、人の皮膚に関しても必要以上の油分を取ることで乾燥肌や、フケ、皮膚疾患を招くおそれがある。その点、植物油や動物脂由来の石鹸は界面活性力が適度である。天然素材由来であることもあり、微生物によって分解され、環境負荷が少ない。同様の理由から、動物や人の肌にも優し

---

2) チンギスハーンが制定したとされる法令。
3) 本来は混ざり合わない油と水を親和させ、汚れ落ちをよくするもの。

いとされる。以上が石鹸づくりに取り組んだひとつの理由である。

②モンゴル人の食生活の変化

　モンゴルの遊牧民は、家畜から得られるもの、肉や毛、乳、フンにいたるまですべてを利用して暮らしてきた。しかし、近年はモンゴル人の健康志向により動物性油脂の使用が植物油にとって代わり、これまで好んで食べられていた脂身の廃棄が増加したという問題があるが、廃棄されてしまうもので石鹸を作ることにこそ意味はあると考える。

③モンゴル人の文化的象徴

　モンゴル人にとって羊は象徴的な動物である。羊、ヤギ、ラクダ、馬、牛を意味する五畜のひとつである。また、マイナス 40 度にもなる厳しい冬を乗り切るために食す、必要な食料であるとともに贅沢な食べ物でもある。また、モンゴル人は羊を含む動物たちを愛しているが、日本人が動物を愛するのとは異なる。屠殺を自ら行うことの少ない現代の大半の日本人にとって動物を愛することは愛護、もしくは愛玩と言っても大きく外れないと思われる。少し辛辣な物言いだったかもしれないが、モンゴル人、特に遊牧民にとって動物を愛するというのは家族のように大切に育て上げることである。その命を血一滴に及ぶまで丁寧にいただく。その生と死をひっくるめてようやく愛していると言えるのである。少なくとも私自身の動物に対する愛は彼らの足元にも及ばないと感じた。そんな、彼らモンゴル人の家畜を愛する気持ちとも、石鹸を作りその油一滴すらも無駄にしないというのは合致するはずである。

5.3　理論

　石鹸は油脂と苛性ソーダ（もしくは苛性カリ）を反応させることで作られる。今回は、苛性ソーダを用い、固形石鹸を作ることにした[4]。それぞれの油脂は鹸化価[5]という値があり、それを元に必要な苛性ソーダ量を算出する。

　　　　　苛性ソーダ換算値（g）＝　鹸化価　×　40　÷　50.1　÷　1000

　鹸化価の苛性ソーダ換算値を算出すると、油脂の量と鹸化率[6]を用い、苛性ソーダ

---

4)　苛性カリを使えば液体の石鹸を作ることができる。
5)　油脂 1000g を石鹸にするのに必要な苛性カリの量（mg）。
6)　石鹸全体の鹸化する油脂の割合。

量を計算する。鹸化率を抑え、油脂を少し多めに設定することで、石鹸の間に油分が少量残され、石鹸として良いとされる弱酸性の石鹸に仕上げることができる。逆に油脂の割合が少なく、苛性ソーダの割合が多ければ、肌に大変危険な石鹸になってしまうため注意が必要である。

　油脂の34%に当たる量の水を使用し、アルカリ性溶液として水酸化ナトリウム水溶液（純度99%）を使用した。鹸化率は92%である。今回は羊の脂を用いて石鹸を製作した。

5.4　実験材料
- 羊の脂肪の多い肉塊（冷凍）500 g（羊脂を抽出した際、NaOH に対する鹸化価138.3）
　➡湯煎で油を抽出できたのはおよそ 100 g
- 苛性ソーダ 12.7 g
- 水 34 g（油脂に対して 34%）

5.5　実験操作
5.5.1　注意
　石鹸づくりには苛性ソーダという危険な薬品を使用するのでゴム手袋、マスク、メガネを着用し、換気を十分に行い（水と苛性ソーダを混ぜ合わせる際、人体に有害なガスが発生するため）、安全に留意しながら慎重に行った。

5.5.2　羊脂石鹸
　次の手順で石鹸づくりをおこなった。
1. 羊肉を解凍
2. 湯煎しながら油を抽出
3. 融点の違いを利用し、油と不純物や余分な水分を分離
4. 苛性ソーダと水を調合し、水酸化ナトリウム水溶液を精製
　＊高温になり、有害なガスが一時的に発生するため十分に換気を行った。
5. 4 と油を反応
6. 鹸化反応を促進させるため、ペットボトルに入れ、振る。暖かいところに放置
　加えて、ビー玉などを入れて中を撹拌
　＊高温のままペットボトルに入れると、ペットボトルが融解し、内容物が出てしまったり、変形したりするため、少し冷ましてから入れるように注意する。
7. 完全固結の前に型などに流し込み（今回は時間がなかったが、乾燥させて 2 ヶ月

【写真11】材料

【写真12】購入した羊脂

【写真13】羊脂湯煎の様子

【写真14】抽出した羊脂

【写真15】凝固した羊脂と水分やコラーゲンその他

【写真16】羊脂石鹸（完成）

【写真17】モンゴルうどん

出典：筆者撮影

　くらい置いておけば、しっかりと鹸化し使用できる）

8. 石鹸づくりの過程で余った肉片や肉汁は和風モンゴルうどんを作るなどして、余すところなく楽しむ

　なお、完成した羊脂石鹸（写真16）は右から羊脂100％、左奥羊脂50％オリーブオイル50％、左手前ローズマリーのアロマ入り羊脂50％オリーブオイル50％[7]である。

---

7) 本文では羊脂50％オリーブオイル50％の石鹸などと表記するが、そのパーセンテージは苛性ソーダと反応前の油脂の比率であり、完成した石鹸の成分比率を表すものではない。

5.6　実験結果

　100％羊脂石鹸の製作後、羊独特の匂いがどうしても気になった。そこで油脂の分量に関して、オリーブオイルを50％、羊脂50％で再度苛性ソーダ量を計算し、再度挑戦してみた。さらに、ラベンダーのエッセンシャルオイルを数滴入れ、再度苛性ソーダ量を算出し製作した。予想通り、かなり匂いは抑えられ、両者とも色は肌色からより白っぽい色に変化した。だがそれでもかすかに羊の匂いは残り、羊脂の割合を減らすことは抜本的な解決にならず、課題が残った。

5.7　考察

　匂いの原因はおそらく羊油抽出時にあると考えられる。羊油が足りず、湯煎だけでなく直接火を入れて、不快な匂いを増してしまったことにあるだろう。より高い精度で油とその他を分離することで、解決できると考えている。市販の豚脂（ラード）で作った石鹸は匂いが全くしなかったことから、羊でもなんらかの方法で純度が高く、匂いの少ない脂が抽出できると考えられる。

5.8　おわりに

　私は文系の学生であり、科学的な知識というのは高校の基礎科目程度にとどまっていた。言い出しっぺであるが、私が担当して良いのだろうかという思いがあった。石鹸製作を夜な夜な行い、部屋は羊の匂いが満々と漂い、自宅のキッチンはモンゴルの台所の匂いになった。それでも石鹸製作を思いついたのは中学生の時に参加した近所の大学の「水と環境」という公開講座に参加し、廃油石鹸を作ったことを思い出したからだった。あまり人生で役に立たないだろうなという経験も思いがけないかたちで再び私の人生に現れるという有難い経験をした。もちろん、この後の続くフィールドスタディで石鹸づくりをおこなう中で、やはり理系の学生の知見を加えてほしいというのと、実験を繰り返し、試行錯誤してほしいと思う。モンゴルには様々な植物がある。現地の様々な植物を石鹸の仲間に加え、色や匂いの変化、相性などぜひ試してみてほしい。

6.　ろうそく作りの試み

6.1　目的

　私たちが考案したプログラムの一環で石鹸の他、ろうそく作りも行うことになった。

そこで、ろうそくについて学ぶため、自分たちで一からつくることにした。

6.2　実験材料、道具

油（サラダ油 50 ml、牛脂 2 ブロック、羊脂 150 g）

プラスチックカップ

タコ糸

割り箸

油凝固剤（固めるテンプル）

6.3　実験手順

① 油を湯浴で加熱する。

※油の直接加熱は火災の原因となる。
50 cc の油を 3 分 35 秒加熱すると発火する例も報告されている。そのため、湯浴を用いて間接的に加熱した。

【写真18】湯浴で加熱中の羊脂

② 油 50 ml に対し、凝固剤 15 g となるよう凝固剤を加える。加熱を続けながら、粒がなくなるまで撹拌する。

※粒が残っていると、完成後の表面がツルツルできれいな状態にならず、デコボコになってしまう。

【写真19】凝固剤を加えた直後の様子

③ 割り箸の間にタコ糸をたらし、その糸がプラスチックカップの中心を通ってしっかり底まで達するよう調整する。型に油をゆっくりと流し込み、固まるまで放冷する。（室温放冷で 30 分ほど）

【写真20】凝固しはじめたろうそく

④ プラスチックカップから取り出し、タコ糸の
　芯を 1cm ほど残して切り取る。
　※芯が短すぎると、火が点けづらい。

【写真 21】 完成
出典：以上すべて筆者撮影

6.4　実験結果

サラダ油

　参考文献では 80 〜 90℃ での加熱と記載があったが、今回の実験では温度計が用意できなかったため、水が沸騰した 100℃ の状態で 3 分間加熱した。ろうそくを作る前の油は薄い黄色だったが、凝固剤を加えることで白濁色になった。サラダ油 50 ml で平均直径 5.4 cm で高さ 2.5 cm のろうそくができた。

牛脂

　牛脂はスーパーに陳列しているものを利用した。加熱して 3 分 14 秒で溶け始めたが、10 分後もすべての牛脂が溶けきることはなかった。そのため、液体として採取できた牛脂の量はかなり少なくなってしまった。牛脂の色もサラダ油と同じ薄い黄色であった。不純物も混ざり、2 層になっているのが確認できた。完成したろうそくのサイズは平均直径 4.3 cm で高さ 1.5 cm だった。

【写真 22】 2 層に分離した牛脂
（密度の小さい油が上層）
出典：筆者撮影

羊脂

　サラダ油・牛脂と同様の方法で湯浴加熱での油採取を試みたが、牛脂よりも採取量が少なかった。そこで、羊脂を鉄板で加熱し、油を採取した（上述したように、非常に危険である。筆者が実験した際は白い煙が発生した時点でいったん加熱を中断した。その後、油を採取し、再び加熱した）。加熱時には羊独特の匂いがかなりした。この方法により、油 44 ml が採取できた。色は他の 2 つと比較すると濃く、小麦色であった。完成したろうそくのサイズは平均直径 4.5 cm で高さは 3.2 cm であった。3 つのろうそくの中で最も匂いが強く、モンゴルで経験した匂いと同じだった。

比較

　完成した3つのろうそくの匂いを調べた。サラダ油ろうそくは無臭、牛脂ろうそくは若干の匂い、羊脂ろうそくははっきりと匂いが確認できた。続いて、燃焼状態を比較した。写真23にて燃焼状態を示す。

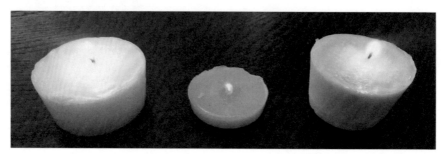

【**写真23**】燃焼するろうそく（左からサラダ油製、牛脂製、羊脂製）

出典：筆者作成

　サラダ油、羊脂、牛脂の順に明るさが強いのがわかる。写真では、サラダ油ろうそくの明るさが強すぎるため、炎の形がわかりにくくなっている。

6.5　考察

　モンゴルの小学生がろうそく作り体験をするには課題が残る。それは油の加熱である。今回の実験を通して、油（羊脂）の直接加熱が最も効率が良く、多くの量を採取できる方法だとわかった。しかし、これは子供達にとってかなり危険である。油抽出作業は大人が事前にやっておくなどの対策が必要となる。

　参考文献によると、牛脂の融点は42℃である。今回の実験では100℃の状態で数分間加熱したが、液体の油があまり採取できなかった。原因として挙げられるのは、湯浴の容器として熱伝導度の低いプラスチックを用いたため、容器内の温度が上昇しなかったことである。また、不純物が混ざっていた可能性もある。

　ろうそくの明るさの違いは次のような要因が考えられる。そもそもサラダ油は精製度が高い油のことを指す。そのため、燃えやすく、明るくなったと考えられる。牛脂の明るさが弱かったのは、湯浴により油を採取したとき不純物が混じったからだと考えられる。実験でプラスチックから取り出す際に、凝固剤で固まらなかった不純物（おそらく水分）が流れ出た。牛脂の直接加熱によって採取した油を用いたろうそく作りは今後の課題としたい。また、ろうそくに点火した際、全体的に炎が小さかった。これはタコ糸の太さが原因だと考えられる。次回はより太いタコ糸を用いたい。

　小学生たちにはろうそく作り後に燃え方の比較をしてもらうことを検討していたが、

動物の種類別に明確な違いはないと思われる。そのほか考察できる事象としては、動物脂肪の融点の違いがある。これは、脂肪に含まれる不飽和脂肪酸の割合によって決定づけられる。小学生が学ぶ内容としては少し難しい内容ではあるが、今後挑戦したいと思う。

7. ホフテンゲル賞

ホフテンゲル[8]賞とは、上述した3つの環境プログラムに参加した生徒たちを対象に、プログラムの学習成果を発表する大会で授与される賞のことである。モンゴル国文部科学省とモンゴル国科学アカデミー生物学研究所の協力のもと、一般社団法人北の風・南の雲（2020年5月設立）が主催する。

副賞

ホフテンゲル賞では、最も優秀な順に恐竜賞、狼賞、アネハヅル賞、参加賞が与えられる。入賞者にはメダルと賞状、それ以外には賞状のみが与えられ、さらに参加者全員に対して副賞が授与される。恐竜賞の副賞は、日本における環境教育、研修（1週間程度）であり、最優秀者1名に与えられる。狼賞の副賞は、モンゴルフィールドスタディに大学生とともに参加する権利であり、生徒2名に与えられる。アネハヅル賞では、日本製の文房具が3名に与えられる。参加賞の副賞は、今回参加したプログラム以外の参加優先権であり、その他の参加者に与えられる。なお、副賞は一般社団法人北の風・南の雲より提供される。

【表5】 ホフテンゲル賞で与えられる賞と副賞の詳細

賞	人数	賞の内容	メダルと賞状
恐竜賞	1名	日本で環境教育、研修（1週間程度）	あり
狼賞	2名	モンゴルフィールドスタディへの参加権	あり
アネハヅル賞	3名	文房具	あり
参加賞	その他の参加者	自分が参加したプログラム以外のプログラムへの優先参加権	賞状のみ

出典：筆者作成

8）ホフテンゲルはモンゴル語で「天」を意味する。

目的

　ホフテンゲル賞を実施する目的は、各プログラムの内容やその成果を共有すること、自然や地域、モンゴルという国に対する興味や関心を増進すること、互いに刺激を与え合い、高め合うことである。

代表者の選抜方法

　ホフテンゲル賞では、各プログラムの最後に実施される発表において優秀な生徒に大会の参加権が与えられる。

　まず、各プログラムの最終日に行われる最終発表後、プログラム参加者の中から代表者が選ばれる。

　代表生徒の選抜においては、推挙制と指名制の2つを用いる（図6を参照）。推挙制とは、参加した生徒のなかで、あるいは人数が多い場合は、グループ内において最もチームに貢献したと思われる生徒を自分以外で選択し、得票数が多かった生徒が参加権を得るというものである。これは、開催数の比較的多い、生物多様性保全教育センターでのプログラムに採用する。一方、指名制とは、プログラム最後の発表後あるいはプログラム終了後に、運営者が優秀と判断した生徒を1名あるいは2名程度指名し、大会への参加権を与えるというものである。これはオンギー川ならびにトール川のプログラムにて採用する。

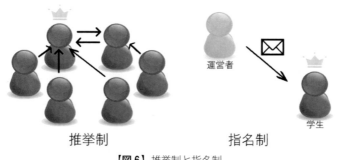

推挙制　　　　　　　　　指名制

【図6】 推挙制と指名制

出典：筆者作成

8.　おわりに

　今回の調査において、モンゴルの人々から「モンゴル人以上にモンゴルのことを考えてくれている」という御言葉を何度も頂戴した。フィールドスタディは今年度で10年目を迎えるプログラムであるが、現場で地域の人と一緒に考え、地域のことに一緒

に取り組むことを重視してきた。この言葉は、フィールドスタディが、そしてそれに参加する学生がこの目標に近づきつつあることの証明ではないだろうか。

　本プログラムは次回フィールドスタディ参加者によって初めて実行に移される。これが一度だけではなく、その先も継続され、定着することでモンゴルの環境教育の発展の一歩につながる。モンゴルの未来そのものである子どもたちを支援することで、世界の先進的なモデルを参照しつつ、「モンゴルの人が考えるモンゴル独自の環境理論」構築の一助となることを期待したい。

参考文献、サイト

1. はじめに

Private Zoo Garden.「動物図鑑・アネハヅル」
　　https://pz-garden.stardust31.com/tori/turu-jyukei/aneha-zuru.html
　　（参照：2020 年 3 月 22 日）
World Population Review. 2020.「Mongolian Population 2020」
　　https://worldpopulationreview.com/countries/mongolia-population/
　　（参照：2020 年 3 月 18 日）

2. トール川におけるプログラム

藤田昇・加藤聡史・草野栄一・幸田良介. 2013.『モンゴル　草原生態系ネットワークの崩壊と再生』京都大学学術出版会. 78 頁参照
岡内完治. 2002.『だれでもできるパックテストで環境しらべ』合同出版.
COD パックテストによる水質検査
　　https://www.aburagafuchi.jp/yougo/pdf/pakukaisetu.pdf
　　（参照：2020 年 3 月 23 日）
医師団の雑談 簡単！ペットボトルで作る泥水ろ過装置
　　https://www.msf.or.jp/zatsudan/seikatsu/04.html
　　（参照：2020 年 3 月 23 日）

4. 生物多様性保全教育センターにおけるプログラム

松川節. 1998.『図説モンゴル歴史紀行』河出書房新社.
小長谷有紀. 辛嶋博善. 印東道子編. 2005.「モンゴル国における土地資源と遊牧民過去、現在、未来」.［東京外国語大学アジア・アフリカ言語文化研究所］文部科学省科学研究費補助金特定領域研究『資源の分配と共有に関する人類学的統合領域の構築』総括班.
林原自然科学博物館準備室編著. 1995.『モンゴル恐竜調査の夢』山陽新聞社.
吉良竜夫. 2012.「植物の地理的分布：生物的自然の見直し」新樹社.

5. モンゴル羊脂石鹸の可能性

アルカリ計算 & 石鹸シミュレーション
　　http://www.tsukutsuku.com/simulation/calculator.php
　　（参照：2020 年 3 月 13 日）

手作り石鹸　鹸化価
　　http://www11.plala.or.jp/LavenderHouse/soap/soapkenkaka.html
　　（参照：2020 年 3 月 13 日）
小林良正. 1943.『石鹸の歴史』河出書房.
まずは知ってほしい石けんと合成洗剤の違い（シャボン玉石けんホームページ）
　　https://www.shabon.com/message/index.html
　　（参照：2020 年 3 月 13 日）
石鹸百科
　　https://www.live-science.com/
　　（参照：2020 年 3 月 13 日）
鹸化価表
　　http://www.ajiwai.com/otoko/zeal/sekk_kenka.htm
　　（参照：2020 年 3 月 13 日）
薬機法（薬事法）をクリアするには雑貨として手作り石けんを売る
　　https://892copy.jp/how-to-clear-yakujihou-jisakusoap/
　　（参照：2020 年 3 月 13 日）

6.　ろうそく作りの試み

天ぷら油火災に注意してください !!（福井市ホームページ）
　　https://www.city.fukui.lg.jp/kurasi/bosai/syoubo/p010196.html
　　（参照：2020 年 3 月 9 日）
油や脂肪酸の種類を知る /J- オイルミルズ
　　https://www.j-oil.com/oil/type/
　　（参照：2020 年 3 月 15 日）
今さら聞けない肉の常識 / 日本獣医畜産大学畜産食品工学科肉学教室
　　http://www.agr.okayama-u.ac.jp/amqs/josiki/23-9504.html
　　（参照：2020 年 3 月 9 日）
牛脂（山桂産業株式会社）
　　http://yamakei.jp/yuuten/gyuushi-yt.html
　　（参照：2020 年 3 月 9 日）

「絵本を通じた環境教育」

大阪大学 絵本班

‥‥‥‥ 千賀遥、松井惇、横上玲奈

1. はじめに ……………………………………………… 松井惇
   1.1 大阪大学絵本班
   1.2 背景
   1.3 フィールドスタディでの絵本班

2. ブラントハタネズミの絵本 ……………………… 松井惇
   2.1 ストーリー
   2.2 背景
   2.3 絵本の各ページの解説
   2.4 絵本を通じて考えてほしいこと

3. ウマの物語 ………………………………………… 横上玲奈
   3.1 ストーリー
   3.2 背景
   3.3 現地での学び

4. オオカミの物語 …………………………………… 千賀遥
   4.1 ストーリー
   4.2 報告書を書くにあたって
   4.3 事前学習
   4.4 現地調査
   4.5 フィールドスタディが終わって

報告④

絵本を通じた環境教育

大阪大学 絵本班：千賀遥、松井惇、横上玲奈

1.　はじめに

1.1　大阪大学絵本班

　私たちはモンゴルの人々に環境問題を考えてもらうため絵本を作成した。絵本には必ず動物が登場する。松井はブラントハタネズミ、横上はウマ、千賀はオオカミをテーマにした絵本を作成した。

1.2　背景

　環境問題をモンゴルの人たちに考えてもらうため、私たちがなぜ絵本を通じたアプローチをとるのか、そして私たちの絵本にはなぜ動物が登場するのかについて説明する。

　まず、私たちが絵本を採用した理由は、子どもたちにとって難しい話として考えられがちな環境問題について彼らに確実に伝わるものにしたかったからである。絵本であれば子ども（さらには大人も）は楽しみながら、環境問題という視点を得ることができると考えた。次に私たちが作成する絵本になぜ動物が登場するのか、その理由は人間から離れて環境問題を考えてほしかったためである。人間にとって都合の良いアプローチを採用した場合、根本的な解決にならないこともある。私たちの暮らしが、様々な要素が複雑に結びついた自然環境とともにあることを子どもたちに認識してほしいので動物を登場させることにした。絵本に登場する動物は、各メンバーが事前学習を行うなかで決定した。

1.3　フィールドスタディでの絵本班

　私たち大阪大学絵本班の事前、現地、事後における学習内容について説明する。

事前学習

【モンゴルの環境問題を調査】図書館の資料や論文、インターネットメディアを通じて、モンゴルにはどのような環境問題があるのか、あるいはあったのかについて調

査した。

【絵本のストーリー構想】資料をもとに各メンバーがどのような絵本を作っていくのか構想した。

現地学習

【現地の方にヒアリング】それぞれが選んだ動物に関する情報を中心に、現地で出会ったモンゴルの方にヒアリングを行った。今回のフィールドスタディに参加したモンゴル国立大学の学生３人、元猟師で運転手さんのゾルガさん、生物学者のバトツェリン先生、バトツェリン先生のお兄さんで地質学者のダシュツェリン先生、そして遊牧民のご家庭２世帯に、それぞれの絵本班のメンバーが選んだ動物に関することを尋ねた。

【暮らす】短い期間ではあるが私たち自身がモンゴルで過ごすことで現地の人の視線に少しでも近づこうとした。

事後学習

【絵本の内容の修正、加筆、作画】現地学習で新たに明らかとなったことをもとにストーリーの修正と加筆を行った。さらに絵本のイメージを私たち自身で描いた。次章より松井、横上、千賀の絵本について紹介する。

2. ブラントハタネズミの絵本

2.1　ストーリー

まず、筆者が描いた絵を用いながら絵本のストーリーを紹介する。①～⑬はページ番号を表しており、上段に絵、下段に絵のセリフを書いている。

① これはモンゴルのある草原であったお話です。かつてはとてもきれいだった草原も、家畜が食べてしまった後でとても荒れています。

② そんなところにブラントハタネズミがやってきました。
「草が短くて住みやすそうな場所だ！ここに巣を作ろう！」

③ 早速、ブラントハタネズミは穴をどんどん掘っていきました。
巣穴はすぐにできあがりました。

④ ブラントハタネズミが巣を作ってからしばらくすると、巣の中からも周りからもヨモギが生えてきました。ヨモギはすくすくと伸びていきました。

⑤ 牛さんたちはヨモギが嫌いです。牛さんたちはブラントハタネズミが住んでいるところからどんどん離れていきました。

⑥ 十数年後。
草原はかつてのようにきれいな、きれいな草原に戻っていました。

⑦ これはまた別のブラントハタネズミのお話です。ある日、このブラントハタネズミがいつものように暮らしていると、「どすーん!!」ととても大きな地響きがしました。牛さんが巣の上で倒れていたのです。牛は動くことができず死んでしまいました。

⑧ 「ざー」
急に巣の中に大量の水が入ってきました。「急げ！」ブラントハタネズミは慌てて外へ出ます。他の巣穴も水浸しです。ブラントハタネズミは別の場所に移動することにしました。

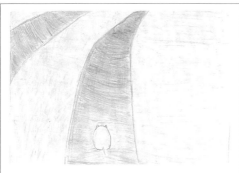

⑨ 今度来たところでは、目の前をひたすら同じ地面が続いています。周りに誰もいないので、ここに巣を作ることにしました。

⑩ 「がりっ、痛い！」歯が折れてしまいました。地面が硬くて、硬くて今までみたいに掘ることができません。

⑪ 「びゅーん！」そんな痛がっているネズミの上を、何か大きなものが猛スピードで通り過ぎていきました。
ここには住めない。そう考えたネズミは別のところで暮らすことにしました。

⑫ 十数年後。
ネズミがいなくなった場所は、草が生えなくなり、ついには砂漠になってしまいました。

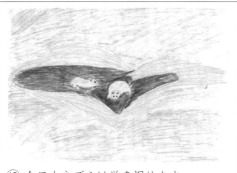

⑬ 今日もネズミは巣を掘ります。

　最近では、巣穴に毒や水がまかれることや、硬くて掘りづらいときがあり、住みづらい場所があります。
　一方でトリさんたちに襲われることは減ってきました。家族を増やしやすくなりました。そんな環境で今日もネズミは巣穴を掘り続けます。

出典：筆者作成

2.2　背景

　モンゴルでは砂漠化が進行している。砂漠化の進行には様々な要因があるが、モン

ゴルにおいては家畜の放牧スタイルの変化が挙げられる。放牧スタイルの変化として
は家畜の過剰飼育がある。草原の容量以上の家畜を飼育することである。かつての放
牧では、遊牧民は季節ごとに3kmほど移動し、草原を休ませていた。しかし現在では、
季節ごとの移動距離が短くなり、草原が十分に回復しないうちに家畜を移動させる遊
牧民が増えている。こうした理由によって草原の退化が進み、砂漠化につながってい
る。

　また草原の砂漠化につながるものとして、放牧スタイルの変化のほか、草原の自動
車走行も挙げられる。繰り返し自動車が走ることで、土が硬質化し植物が育ちづらい
土壌環境になった結果、砂漠化が進行する。こうしたことから、人々の暮らしとモン
ゴルにおける砂漠化の進行は密接に結びついていると考えられる。

　そうしたモンゴルで進行する砂漠化防止に、一役を担うかもしれない動物がいる。
それが絵本に登場したブラントハタネズミ（Microtus brandti）である。ブラントハタ
ネズミは草丈が比較的短く、退化した草原にしか分布しない小型ほ乳類動物である。
以下ブラントハタネズミに関する説明を澤向・星野・Ganzorig（2010）の文献から引
用する。

　モンゴル国では、古くからブラントハタネ
ズミは草原の植生を退化させると考えられ、
駆除されてきた。しかし、近年、ブラントハ
タネズミの巣（コロニー）の周辺の植生が、
ブラントハタネズミによって徐々に回復して
いる傾向が見られ、ブラントハタネズミのコ
ロニーを中心に土壌がやわらかく、植物種の
多様性が一時減少するものの、長期的にみれ
ば増加傾向にあることが分かってきた（澤向・
星野・Ganzorig 2010: 65）。

【写真1】 ブラントハタネズミ
出典：Doljinsuren Otgonbaatar 撮影

　澤向・星野・Ganzorig（2010: 65）と川島・星野（2013）を参考に、ブラントハタ
ネズミと草原の回復の関係を説明する。ブラントハタネズミは過放牧によって草原が
退化し、草丈が30〜130mmの地域に生息する[9]。ブラントハタネズミはそうした草原
の退化した地域で土壌を掘り、巣を形成していく。巣の形成において土壌の循環が起

---

9)　ブラントハタネズミが草丈30〜130mmの環境を好んで利用する理由は、草丈が高くなりすぎるとハタ
　　ネズミが天敵を見つけられなくなり、襲われやすくなるからだと考えられている（澤向・星野・Ganzorig
　　2010: 66）。

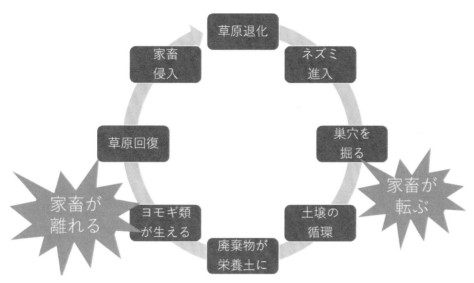

【図2】 ハタネズミと草原回復の循環
出典：澤向・星野・Ganzorig（2010）、川島・星野（2013）を参考に筆者作成

こり、植物は有機物が豊富な土壌を利用しやすくなる。またブラントハタネズミの糞などの廃棄物も植物の養分となる。そうした環境において、ブラントハタネズミが生活する中で運ばれた植物の種が巣の中で発芽し、Artemisia adamsii（和名ではアダムスヨモギである。以下、ヨモギと略す）などが生える。家畜はこのヨモギを好まないため、ヨモギの生息域から離れていく。また、ブラントハタネズミの巣でできたくぼみにより、家畜は転倒しやすくなる。このようにブラントハタネズミの生息環境は家畜を育てづらい環境となるため、ブラントハタネズミは遊牧民から嫌われている。そうして家畜が離れた後、十数年かけて草原は元の状態まで回復していく。回復した草原には家畜が入り、再び草原が退化すればブラントハタネズミが侵入するというサイクルが確認されている（図2を参照）。

　このように、ブラントハタネズミは草原回復に貢献している。遊牧民にとって嫌われ者のブラントハタネズミが、実は、退化した草原を回復させる上で重要な役割を果たしている、ということを遊牧民をはじめモンゴルの人々にぜひ知ってもらいたい。またブラントハタネズミの果たす役割を認識することは、人の暮らしと家畜、ネズミそして草原の関係性を捉えるひとつのきっかけになるだろう。事前学習の段階において筆者はこのように草原の砂漠化とブラントハタネズミについて理解し、ブラントハタネズミを題材にした絵本をフィールドスタディを通じて作ることにした。

2.3　絵本の各ページの解説

　事前学習と現地学習をふまえ、筆者がどのような意図で絵本の各ページを作成したのかについて述べる。

　①～⑥ではブラントハタネズミの生態とブラントハタネズミが草原の回復に寄与することについて描いた。ブラントハタネズミの生息地は草丈が低い場所であることは事前学習の段階で分かっていたが、現地学習よりブラントハタネズミの生息地では地面がまだら状に露出していることが分かった。またヨモギ系の植物は巣の周りや巣の穴から生えているのが確認できた（写真2を参照）。

　⑦と⑧では家畜である牛が巣につまずいて転んでしまった様子を描いた。遠くではこの牛の所有者である遊牧民を描いている。その後、牛は動けなくなって死んでしまう。⑧では牛が死んでしまったことでブラントハタネズミに怒った遊牧民が、巣穴を水で塞いでしまう様子を描いた。現地で聞いた話では、遊牧民の方々は他にも毒によってネズミを殺しているそうである。実際に家畜が転ぶ様子を見ることはなかったが、写真3のような家畜がつまずいてもおかしくない巣穴は草原でしばしば見られた。

【写真2】巣の中から生えるヨモギ
出典：筆者撮影

【写真3】ブラントハタネズミと巣穴
出典：筆者撮影

　⑨～⑫では草原に残るわだちとその上を通過する車を描いた。事前学習では車が通ると土壌が硬質化し草が生えづらくなることを学んでいた。普通の地面よりも巣穴が掘りづらいことはブラントハタネズミにとっても同じであろうと考え、描いた。現地では、私たち自身が草原に残るわだちを通り、次の目的地に向かう

【写真4】草原のわだち
出典：筆者撮影

こともあった（写真4を参照）。遠くまで見えるほどのくっきりとしたわだちは、草原の中でよく見られた。また車窓から何匹ものネズミが車の前を通り過ぎる様子も観察された。

⑬は最後のまとめである。まずこれまでの話を総括している。続いて「一方でトリさんたちに襲われることは減ってきました。家族を増やしやすくなりました」とあるが、この部分はこれまでのページでは描いていない部分である。この部分は現地学習を経て書くことにした。現地に行ってみるとブラントハタネズミは私たちの想像以上に多く生息していた。ブラントハタネズミの巣穴とみられる穴も多数確認できた。同行していただいた運転手（元猟師）の話によると、草原ではネズミが増え過ぎており、ネズミ駆除の動きが強まることは仕方がないそうである。さらに運転手の話では遊牧民がネズミに対し困っていることといえば、穴が増え、ヨモギがたくさん生えて家畜が飼いづらくなるだけではない。実はネズミは家畜が食べる草も食べてしまうのである。こうした話を聞くとブラントハタネズミがますます遊牧民から嫌われてしまうのも頷ける。

しかしこの話には続きがある。そもそもブラントハタネズミが増えてしまった背景として、ブラントハタネズミの捕食者である大型の鳥類がモンゴルで減少していることが挙げられる。近年モンゴルでは、中東やアラブ地域に向けたワシやタカの密猟が増えているそうである。ワシやタカといった大型鳥類は一羽でもネズミをはじめとする獲物を多く食べる。そのため大型動物が減少した場合に起こり得る生態系の変化とその影響はとても大きい。現地のヒアリング調査からネズミが増えてしまったこともまた、人為的要因であると筆者は結論づけた。「一方でトリさんたちに襲われることは減ってきました」この文にはそうした意図が込められている。そのような環境でネズミが生きているということで、この絵本を締めくくった。

2.4　絵本を通じて考えてほしいこと

この絵本を通じて、少しでも足元や身の回りで起きる変化に目を向け、自分たちの暮らしを自分たちで守り、つくってゆける人が増えるのが望ましいと考えている。絵本に沿って言えば、それぞれの生物に自然界で果たす役割があり、そうした自然界と深く関わっている中で私たちの暮らしがあるということを読者に考えていただけることを期待したい。

3．ウマの物語

3.1　ストーリー

　日本の高校1年生・冬馬は、小学生のころから憧れていたモンゴルに初めてやって来た。小学2年生のとき、国語の教科書で読んだ『スーホの白い馬』。青い空と広い草原、とりわけその中を颯爽と走るウマをいつかこの目で見てみたいと思い続けていた。

　あれから7年。期待に胸を膨らませ、ついに念願のモンゴル訪問が実現。チンギスハーン国際空港のある首都ウランバートルから南のウブルハンガイ県にある遊牧民の家庭に向かう。半日にも及ぶ車移動が始まった。

【写真5】 絵本　スーホの白い馬
出典：『スーホの白い馬』福音館書店

　大きく青い空、一面に広がる草原は、絵本の世界そのままだった。家畜の群れやゲル、蛇行する川をキラキラした目で見つめた。

　そんな中、キキーッと急ブレーキがかかり、前を見ると、車の前をウシの群れが渡っていた。（危ないなあ…動物たちは車が怖くないのかなあ…）と冬馬は不思議に思った。

　しばらく進むと、デコボコの道もなくなり、車は草原のなかを進む。緑の草原の上には、何本かの線が。（車やバイクが通った跡かな？　もう草は生えないんだ…）とまたも違和感を覚えた。

　ようやく一行は目的地のウブルハンガイ県に到着した。すると目の前を、バイクに

【写真6】 草原

出典：筆者撮影

乗った同い年くらいの少年が横切った。バイクでヤギを追っているようだった。よく見ると群れには、ヒツジもいる。まだモンゴルに来てからウマに会えていない。

　その日からお世話になる遊牧民のおじいさんがゲルから出てきて「よく来たね。つかれたじゃろう。」と迎え入れてくれた。冬馬には聞いてみたいことがたくさんあった。「どうして動物たちは平気で走る車の前に飛び出すの？」「どうして車やバイクが通った跡には、草が生えないの？」「どうしてウマが少ないの？」道中目にした不思議な風景に質問が止まらなかった。

　それを聞いたおじいさんは、笑顔で「良いところに連れて行ってやろう。答えが見つかるかもしれん。今ちょうど帰ってきた、孫のドルジも連れて行こう。」と言った。

　そこに現れたのは、さっきバイクでヤギとヒツジを放牧していた少年だった。「2人は同い歳だ。すぐに仲良くなるじゃろう。」

　冬馬はドルジに、「どうしてバイクに乗るの？」と尋ねると、「みんな乗ってるから。」という答えが返ってきた。冬馬はこの子とは、何だか仲良くなれそうにないと感じた。

　3人はホスタイ国立公園にやって来た。そこでは、ウマが保護されていた。よく知っている馬とは違って、首が太く、がっしりとしたウマだった。おじいさんは、「ここにいるのは、モンゴルの野生馬タヒ、スーホの白い馬の先祖でもある。少し昔の話をさせてくれないか。」と話し始めた。

　「わしが子供のころは、野生のタヒがたくさんいて、それが当たり前だった。ところ

が、人間の狩猟や自然環境の変化で、絶滅寸前まで数が減ってしまった。ヨーロッパの動物園でタヒの子孫が飼われていたから絶滅は免れた。様々な国と協力して繁殖に成功。モンゴルに逆輸入され、現在はここホスタイ国立公園で保護されているんじゃよ。」

冬馬もドルジも驚きで開いた口が塞がらなかった。「まさかタヒがいなくなるなんて思ってもいなかったが、いなくなってからでは何もできないんじゃ。」とおじいさん。孫のドルジも、「これまで動物を大事にしてきたが、自信がなくなった。考え直さないと。」「僕も、ただ絵本の中の世界が好きなだけで歴史や現実を見ていなかったよ。」と冬馬。おじいさんが「タヒは、外国の協力もあって復活した。モンゴルの豊かな自然や生物はモンゴルだけのものではなく、皆で一緒に守っていくものでもあるんじゃよ。」と話すと、冬馬とドルジは自然と笑顔がこぼれたのだった。

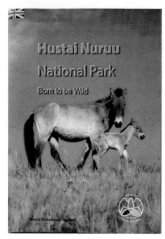

【写真 7】 タヒ
出典：筆者撮影

3.2　背景

　モンゴルの人々が好きな動物をモチーフに物語を伝えようと、テーマをウマに決めた。馴染みがあり、好きな動物の話の方が、メッセージが伝わりやすいと考えたためだ。ほかの学生 2 人が考えた物語の主人公は、モンゴルの人々からあまり良いイメージが持たれない傾向にあるブラントハタネズミとオオカミであり、差別化を図りたかった。

　その一方で、ウマは「モンゴル人の心の友」と呼ばれ、ウマの人気は圧倒的である。2015 年度フィールドスタディに参加された先輩のアンケート調査結果からも、モンゴルでウマは好きな動物第 1 位に輝いていた。

　主人公の 1 人を、日本人の男の子にしたのは、筆者自らの体験や感情をそのまま伝えたかったからである。モンゴルに対して抱くイメージが、絵本の中の青い大空、一面に広がる草原と駆け抜けるウマという設定は、今回のフィールドスタディで初めてモンゴルを訪れた私たちと同じである。現地で経験したことや実際に感じたり、考えたりしたことの表現を目指した。また、この設定こそが、日本の大学生である筆者にしか紡げない物語になると考えた。

【写真8】馬
出典：筆者撮影

　これら事前に決めていた事柄に加え、モンゴルというフィールドで心動かされた3つのことを大切にした。

　まず1つ目は、モンゴルの人々の自然に対する知識の深さである。「今前を通った動物は何？」、「あの群れに家畜は何匹いるかな？」などとモンゴル国立大学の学生を質問攻めにしても、一つひとつ丁寧に答えてくれた。自分と年齢の変わらない彼女たちが本当に頼もしかった。大都市ウランバートルで生まれ育った学生でさえも、小さい頃から地方で遊牧する親戚のところに遊びに行ったり、伝統的な遊牧生活や豊かな自然との接点を持っていたりと、素敵だった。運転手さんたちの知識はさらに多く、大学生では答えられなかった質問を含め、何でも教えてくれた。こんな大人が近くにいるから、同じ年代の学生でも自然について語ることができるのだろう。これからも大切にしてほしい伝統のひとつである。

　2つ目は、モンゴルの人たちも葛藤を抱えているということである。当たり前のことだが、便利さや負担軽減と環境へのやさしさのバランスを取る難しさを感じた。事

【写真9】家族のバイクにまたがる少年
出典：筆者撮影

前学習では、モンゴルでは車やバイクでの放牧が増えたことを知り、正直驚いた。筆者自身、ウマが颯爽と駆け抜ける一面の草原ばかりを連想しており、環境に悪いと決めつけていた。しかし、現地を訪れるとバイクを利用する理由がわかった。管理しなければならない家畜頭数は何百にも上り、移動距離も長いため、バイクを使わざるを得ないのである。現地の方は家畜や大地が痩せていくのはわかっているが、自分たちへの負担を考えると手放せなくなっていると話していた。現状を知ったことで私の価値基準だけで判断していたことを反省した。これまでメディアを通して伝えられてきたことや勝手に抱いていたイメージだけで決めつけては、本当の現状が見えなくなると猛反省した。この経験から誤解を生まないためにも、現地の人の葛藤を描くと決めた。

　最後に、単なる伝統回帰になってはならないという点である。2点目にも共通するが、「ウマを使っていた時代に戻った方が良い」などというメッセージは無意味であり、現在と未来を生きていく人々には響かない。単なる古き良き時代の押し付けではなく、社会や環境の変化を踏まえたうえで、物語を構成しなければならない。

　以上のような背景から、ウマをテーマに生物多様性や環境について見直すきっかけとなるようなストーリーを考えた。

3.3　現地での学び

　フィールドスタディではモンゴル国立大学の学生3人や運転手さん、また現地の遊牧民の家庭を訪問、インタビュー調査を行い、あらかじめ考えていたストーリーや設定に違和感がないか確認した。車での移動中や、夜遅い時間であっても、丁寧に質問に答えてくれたみなさんには、本当に感謝しきれない。現地で初めて知る事実も多く、より現実に即した物語を目指し、大きく3つの修正を加えることにした。

【写真10】ゲルの中での会議
出典：筆者撮影

【写真11】運転手への聞き取り調査
出典：筆者撮影

　1つ目の変更点は、主人公の年齢を引き
上げて15歳にしたことである。当初は、設
定を10歳にしていた。これは、日本の国語
の教科書で『スーホの白い馬』を学ぶのが
小学2年生の7〜8歳であり、その直後が
良いと考えたからだ。ところが、モンゴル
国立大学の学生が、「小さい頃は、ウマが大
好きな人が多く、15、16歳でバイクに乗り
始める者も出てくると、皆ウマの大切さと

【写真12】ウマに模したおもちゃで遊ぶ少年
出典：筆者撮影

バイクの便利さとの間で葛藤するようになるため、年齢を引き上げてはどうか」と教
えてくれた。実際に、遊牧民の家族にインタビューした際も、5、6歳の男の子に、ウ
マが好きか聞いてみると、好きだと答え、ウマを模したおもちゃで元気よく遊んでい
た。

　確かに、本来の年齢設定では、日本側の事情しか考えていなかった。両者のことを
考え、設定を決めるべきであった。日本人の主人公を15歳に変更しても違和感はな
い。なぜなら、スーホの物語は、周囲の大学生ですら未だに覚えており、印象深いも
ので、必ずしも学習直後の10歳に設定する必要はないからである。事前学習の一環と
して2019年7月19日に大阪大学で行った中間発表会では、絵本の表紙を見せると、
会場からは「懐かしい」という声が上がった。この夏にモンゴルに行くと友人たちに
伝えると、必ずと言っていいほど「スーホの白い馬、懐かしい」と言われた。日本人
そしてモンゴル人の主人公の年齢を10歳から、15歳に引き上げ、よりふさわしい年
齢設定となった。

　2つ目の変更点は、モンゴルでの実体験を織り交ぜたことである。当初の物語では、
日本の少年が絵本の中のモンゴルの現実とのギャップに驚くというストーリーだった。
現実の描写は、家畜としてのウマの数が少なく、バイクで放牧が主流になりつつある
という表面的なものにとどまっていた。さらには、ある種のモンゴルの実生活への批
判につながる恐れもあった。そこで、現地で目にした光景や、モンゴルに暮らす人々
の声を取り入れることにした。

　そのひとつが、走行車の目の前を危険を顧みずに横断する家畜の姿である。車で道
を走っていると、平気で目の前に飛び出してくるヤギやヒツジ、ウシの姿をよく目に
した。モンゴル国立大学の学生によると、少し前までは家畜は車を怖がり、飛び出し
てくることは決してなかったそうである。しかし、車やバイクが増えすぎて、家畜た

ちも慣れてしまい、危険な状態だと教えてくれた。

　その一方で、家畜頭数の増加や放牧面積や距離の拡大により、バイクに依存せざるを得ない面もある。実際に500頭近くの家畜の群れを目にして、その多さと、容易に想像できる大変さは、本当に管理できているのか、と疑問に感じるほどであった。同時に、単にウマを使っていた頃に戻るべき、伝統回帰すべきというのは、伝わりようがなく、現状を知らない空虚なメッセージだと思い知った。そこで、変わっていく部分は上手く対応しつつも、家畜の大切さや本来の目的を忘れないでほしい、もう一度考えるきっかけにしてほしいというメッセージを何とかうまく伝えたいと改めて思った。

【写真 13】 車の前を平気で横断するウシ
出典：筆者撮影

　3つ目の変更点が、日本とモンゴルの少年がお互いに反省する結末にしたことである。当初は、2人が一緒にモンゴルの野生馬・タヒの絶滅から復活への歴史を聞くことで、歴史から学ぶ大切さに気づくというストーリーだった。

　しかし、これではモンゴルに対する教訓的、読む人にとっては、批判的と感じる物語で終わってしまう。タヒの歴史について、現地の運転手さんたちは知っていたものの、モンゴル国立大学の学生はほとんど知らなかった。私たちでも知らなかったことを教えてくれてありがとうとまで言ってくれた。それでも、モンゴルの現実を何も知らなかった日本の私が、何かを伝える、ましてや教えるなんてできない。また、今回大好きになったモンゴルの人たちに、批判されていると思われる可能性は排除したかった。そこで、日蒙2人の主人公が互いに自己中心的な考えを反省し、ともに学び合うという結末に変更した。モンゴルの少年は、大切にしているつもりだったウマでさえも、絶滅まで追い込んだという事実を知り、これまで皆が使っているからという理由だけだったバイクの使用について、もう一度考え直す。日本の少年は、モンゴルの現状を知らずに、絵本の中や自分勝手なイメージだけで判断していたことを反省する。

外国に対してだけではなく、他者について詳しく知る前に固定観念を持ってしまうことは誰しもある。その姿勢を振り返ってもらえるような、多くの人に響くメッセージを伝えたい。

4. オオカミの物語

4.1　ストーリー

『オオカミと少女』

エンヘジャルガルは、お父さんとゲルに暮らす遊牧民の少女です。

働き者のエンヘジャルガルは、毎日お父さんと一緒に放牧に出かけます。

ある日のことです。放牧をしていると、お父さんが突然「あそこを見なさい」と言いました。

お父さんの指さしたところを見ると、そこにはオオカミの巣がありました。お父さんとエンヘジャルガルは狼の巣に近づきました。

巣の中には8匹の子どものオオカミがいました。最近、このあたりにオオカミが増えているので、お父さんは子どものオオカミを7匹殺しました。

「お父さん、どうしてみんな殺さないの?」

エンヘジャルガルはたずねました。「お父さんの仔馬も、おばさんの羊も、お友達の仔牛も、オオカミに食べられたのに」

お父さんは答えました。

「オオカミは確かに私たちの家畜を食べる。しかし、オオカミは家畜や他の動物を食べることで、草原を守っているのだよ。今年はオオカミの数が多いけれど、家畜の数はもっと多い。家畜が多すぎると、草はみんな食べられて草原がだめになってしまう。オオカミはそれをわかっているから、家畜を食べるんだ。だから、オオカミを全部殺してはいけない」

エンヘジャルガルはびっくりしました。今まで、オオカミはとても悪い動物だと思っていたからです。お父さんは、大切なことを教えてくれました。

放牧からゲルに帰る道すがら、お父さんとエンヘジャルガルは、草原のかなたにオオカミが走る姿を目にしました。

「ああ、これは幸運だ」お父さんは言いました。エンヘジャルガルは今まで、女の子

の自分がオオカミを見たってどうしようもないと考えていました。けれども、今日はその美しい走りを見て、「私も幸運だな」と感じました。

　エンヘジャルガルのおじさんは町に住んでいて、高値で売れるカシミアのために、たくさんのヤギを飼っています。

　ある日、おじさんがおとうさんに電話しました。「兄さん、最近、オオカミが増えて、うちのヤギをたくさん殺したんだ。これは放っておけない。素晴らしいハンターの兄さんに、オオカミを全部殺してほしい」

　お父さんは断りました。「オオカミを全部殺すなんて、とんでもない。わたしは協力しない」

　おじさんは怒って電話を切ってしまいました。

　お父さんはため息をつきました。

　「あいつも昔は遊牧民の心を持っていた。でも、今はお金のことばかりだ」

　おじさんは彼の優秀な息子を大学に行かせるため、お金が必要だったのでした。そのために町に行き、カシミアを売ってお金を稼いでいます。おじさんの息子は大学に行き、おじさんの家族はみんな良い暮らしをしています。それでも、おじさんはまだ、もっとカシミアを売ってお金を稼ぎたいと思っているのです。

　電話を切って険しい顔をしているお父さんを見て、エンヘジャルガルは不安を覚えました。

　数日後、エンヘジャルガルは放牧に出かけました。山の上にたどり着いて下を見ると、大きな車がたくさんこちらに向かってくるのが見えました。中には銃を持った男がたくさんいます。おじさんです。おじさんがお金でたくさんハンターを雇って、オオカミを殺しに来たのです。

　エンヘジャルガルは慌ててオオカミの巣に行きました。そして、あの一匹残した子どものオオカミをデールの中に入れて、急いで馬を走らせました。この子どものオオカミだけは、ハン

【図3】絵本のイラスト
（右：仔オオカミをさらって逃げる主人公
　左：死に絶えた家畜）

出典：筆者作成

ター達から守りたいと思いました。そして、なるべく遠くまで行くと、オオカミを逃がしました。

おじさんはオオカミをたくさん殺して満足しました。しかし、しばらくすると、おじさんのヤギが病気になりました。病気はどんどん広がり、多くのヤギが死にました。おじさんはとても困りました。

困り果てたおじさんは、ラマのおじいさんのところに助けを求めに行きました。

おじさんが事情を説明すると、おじいさんはおじさんを叱りました。

「お前はオオカミをみんな殺した。オオカミがいなくなると、病気のヤギを食べるものがいなくなる。だからヤギはみんな病気になってしまったのだ」

おじさんは深く反省し、オオカミを殺さないこと、ヤギばかりを必要以上にたくさん飼わないことを誓いました。

おじさんのヤギが減ったので、草原の草も少し元気になりました。草を食べるネズミやウサギも戻ってきました。

そして、エンヘジャルガルが逃がしたあのオオカミも、大きくなって草原に帰ってきたのでした。

4.2　報告書を書くにあたって

私たちの乗るウランバートル行きの飛行機は、午後2時に離陸予定であったが、その機体は定刻を過ぎてもボーディングゲートのそばに現れなかった。ああ今回のモンゴルは遅延に始まるフィールドスタディか…と、モンゴルフィールドスタディ参加2回目の私は悟った。その後、離陸時刻がいっとき25時に伸びたために、待合ロビーは絶望に包まれたのだが、結局、20時には大阪を出ることができた。モンゴルミアット航空の飛行機がロビーの窓越しに見えたとき、近くにいた女の子が「パパ、飛行機来たで！」と喜んだのだが、その場にいる誰もが同じ気持ちであっただろう。

大幅な遅延が確定した時には、今回のフィールドスタディに対する全体的な不安を感じた（事前学習の段階で様々なトラブルやドラマがあったことも一因であったのだが、それは省略する）。しかし、遅延した飛行機を待つまでの間、班員のみんながそれぞれ資料をまとめたり、あるいは共有したりするのを見て、私の不安は解消され、俄然やる気がわいて、モンゴルに行くのが楽しみで仕方なかった。

深夜、無事にチンギスハーン国際空港に到着した。思先生たちが迎えに来てくれて

いたので、今夜はホテルに向かうだけだと安心したのも束の間、私のスーツケースが取り間違えられるという事件が発生した。先生方のおかげで荷物は返ってきたが（その節は本当にありがとうございました）、冷や汗をかいた。

　トラブル続きで始まった2019年度モンゴルフィールドスタディであったが、モンゴルでの10日間を終えてみれば、その結果は素晴らしいものだったと言える。一言で結果と言っても、その中身はさまざまで、プログラム自体が成功したことや、初の3大学合同フィールドスタディがとても良い相乗効果をもたらしたこと、メンバーそれぞれに（もしかすると人生を左右するような）新しい気づきと変化があったこと、そして様々なドラマを通じて、得難いチームになったこと…。この報告書では、プログラムについては班ごとにまとめ、その他については、コラムの中で座談会の形式をとって紹介させていただく。

　そして、今回報告書を執筆するにあたって、論文のような文体や構成ではなく、なるべくエッセイや小説に近い形を取りたいと思って書いている。理由はいくつかあるが、まず、絵本班のプログラムの性質上、調査やその成果を効果的に伝えられるのは、このような形式だと考えたからである。また、過去の報告書を読み返してみたところ、自分の書いた文章がなんとも味気なく、つまらないものであるのに対し、先輩方の文章がフィールドスタディの臨場感にあふれており、とても魅力的だったので、私も真似したいと思い、機会をうかがっていたのである。特に今回のモンゴルフィールドスタディは一日一日が色鮮やかであったので、その感触や感想をできるだけそのまま文章にして、私たち参加者の実感を記録し、記憶にとどめるとともに、読んでいる人にも想像してもらいたい。

4.3　事前学習

　今回私は絵本班に所属し、モンゴルの環境教育に絵本という手段を導入しようと試みた。メンバーは私（通称：姐さん）のほかに、リーダーの松井くん（通称：リーダー）と副リーダーの横上さん（通称：お嬢）であり、3人とも1年の海外留学を経験したことのある外国語学部の4回生であった。日本での事前学習の段階で、各々モンゴル人になじみのある動物を選んで、資料を探して読み、ストーリーを練ることとなった。

　私はオオカミを担当することになり、正直なところ、非常に困っていた。というのも、私は日本の動物園においてすら本物のオオカミを見たことがない。前回のフィー

ルドスタディでモンゴルに行ったときも、五畜（モンゴル人の生活に不可欠なヒツジ、ヤギ、ウマ、ウシ、ラクダのこと）は一通り見たが、オオカミを見る機会はもちろんなかったし、あまり話にも上らなかった。

　事前学習の際、思先生からモンゴル人にとってのオオカミとはどんな存在なのか、ということを伺った。古来よりモンゴル人はオオカミを、家畜を食う敵として忌み嫌っており、一方で「オオカミ」と名前を呼ぶことがはばかられる畏怖の対象でもあり、また同時に、男の人にとっては姿を見ると幸運とされる象徴でもある。何とも複雑な存在である。一見すると矛盾しているように思われるモンゴル人のオオカミの捉え方も、しかし、昔から日本人が山や川や海などの自然に対して、畏怖や嫌忌を感じて神や妖怪や霊などとして捉え、信仰の対象にしてきたものと共通する部分があるのではないかと思った。

　実際に、モンゴルの遊牧民にとって、オオカミは自然そのものではないかと思う。遊牧とは自然の中で半野生的に家畜を飼うことであり、それはつまり家畜もまた生態系のサイクルの中に組み込まれることである。その中で家畜が増え過ぎれば、えさとなる草原が退化し、草原に生きる野生動物の数は減る。するとえさを求めるオオカミは家畜を襲うようになり、家畜頭数が調整され、草原は回復する。遊牧民は古くからこのバランスの中に生きていることを自覚し、その重要性を説く言い伝えや説話、風習などを持っている。オオカミに対する複雑な認識は、オオカミを通じて捉えた彼らの自然や環境に対する理解や感情を、そのまま反映したものであろう。

　しかし、現在のモンゴルでは1992年の民主化以降に市場経済化が急激に加速し、利益を追求するあまり、過放牧（生態系のバランスを度外視した家畜の繁殖・放牧）や、野生動物の乱獲、鉱山開発などが進行し、それによって引き起こされる様々な環境問題が深刻になっている。こうした問題は、もともとモンゴル人が持っていた自然観が失われ、自然を経済発展のための単なる資源と見なして搾取した末の結果であると言える。言い伝えや風習は形がい化し、一部の地域ではオオカミのハンティングツアーすら許可されるようになった。

　ところで、かつてモンゴルの遊牧民たちが大切にしていたが、現代のモンゴル人が忘れてしまった自然観を、思先生は恐竜とアネハヅルにたとえた。モンゴルの雄大な自然と、それによって培われてきたモンゴル人の素晴らしい価値観や文化は、遥か恐竜の時代から面々と受け継がれてきたものであり、また彼らが長く維持してきた草原は、国境を越え遠くユーラシアの大陸に広がって、ヒマラヤを越えてやってくるアネハヅルの雛の誕生をも支えるのである。自分という一人の人間が、悠久の時の流れの

先端にいることや、地平線の向こうと繋がっていることを、遊牧民たちは体感していたに違いない。私がそう思うのは、モンゴルを訪れて遮る物の何ひとつない草原に身一つで立ち、一面の翡翠を見渡して、丘のふもとにポツンと見える真っ白なゲルを見つけたときに、同じことを感じたからである。

　モンゴル人のオオカミの複雑な捉え方は、彼らの自然観を表しているはずであり、それは恐竜やアネハヅルの例と同じである。オオカミを題材に絵本を作るにあたり、モンゴル人の中に埋まっているオオカミを掘り起こし、時空のつながりを意識してもらえるようなストーリーにしたいと考えた。

4.4　現地調査

　事前学習の段階で、調べた資料を参考にしつつ、どのような意図をストーリーに組み込みたいか考えながら、あらすじを作ることができた。しかし、そのあらすじには常に心もとなさが付きまとっていた。つまり、そのあらすじにはリアリティがなかった。遊牧民のお父さんが巣にいる仔オオカミを1匹残して殺してしまうシーンや、元遊牧民のおじさんが家畜を守るためにオオカミを皆殺しにしてしまおうと画策するシーンなどは、いくつかの資料か論文の記述をもとに発想した展開ではあるが、いくら現代のモンゴル人の多くが伝統や風習から遠ざかっているとはいっても、本当にそんなことをするのかという疑問があった。このあたりの描写に説得力を持たせるためには、現地に行って実際にモンゴル人に話を聞くしか方法がなかった。また、オオカミに抱く感覚…例えば動きの美しさや力強さなどは、思先生よりお借りした本を参考にしたが、やはり実際にモンゴル人がどのように感じているのかを知りたいと思った。「本当のところ、どうなの？」おそらく絵本班全員がそのような思いを持って、モンゴルでの現地調査に臨んだ。

　前述のとおり、ウランバートルに着いたのは深夜で、その上しとしとと雨が降っていた。茹だるような大阪の暑さから一変、ウランバートルは日本の中秋の気温で、8月の肌寒さに、ああついにモンゴルに来たんだなあと実感した。2日目の朝はからりと晴れあがり、他の参加者、つまりモンゴル国立大学の学生3人と、北九州市立大学の学生3人、先生方との顔合わせには最適の日であった。3日目からはウランバートルを出て、車の旅がはじまった。3人のドライバーさんたちが運転する車に分かれて乗り込み（この時、なるべく各大学の人が同乗するように分かれた）、まずは西のアルハンガイ県に進んだ（地図を参照）。

　私はモンゴル国立大学と大阪大学の学生に加え、北九州市立大学の先生と共に、最

【地図】モンゴル
出典：Wikipedia. ファイル：モンゴルー地方行政区分地図 .jpg.

後尾を走る車に乗った。ドライバーさんの名前はゾルガさんと言ったが、このゾルガ
さんが素晴らしい人であった。彼はドライバーとして草原の悪路をなるべく車体を揺
らさずに進んでくれただけでなく、道中は車窓から見えた動物や植物について、その
名前や習性を教えてくれたり、時には車を止めて写真を撮ってくれたりした。彼は元
遊牧民で、ドライバーの仕事に就く前は様々な仕事を請け負っていたという。そのた
め草原に関する知識が豊富で、日本人の学生である私たちはひっきりなしに質問をし、
私などは彼を「ゾルガ先生」と呼ぶに至った。さらに質問攻めにするだけでは飽き足
らず、最後にはモンゴル語の歌を教わり、全員で何度も歌った。その日、私たちのや
り取りをすべて通訳してくれたのは、モンゴル国立大学の学生、ザヤちゃんであった
が、彼女の懸命な通訳のおかげで、いろいろな情報が集まった（モンゴル語の歌の発
音をローマ字に転写してくれたのも彼女であった）。

　アルハンガイは緑豊かな丘陵地である。家畜が草をはむ山々を越え、昼頃にバトツェ
リン先生のご実家に到着した。まずスーテーツァイ（塩を加えたミルクティー）をお
椀に注いでもらい、体を温めた。そのあとホルホグや新鮮な乳製品、揚げパンや果物
などがふるまわれた。ホルホグは羊肉半頭から一頭とジャガイモなどの野菜を塩で味
付けし、熱々に熱した石で蒸し焼きにするモンゴルの夏の伝統的な料理であり、来客

【写真14】バトツェリン先生のご実家での昼食（スーテーツァイ、ウルム、アーロール）
出典：筆者撮影

【写真15】ホルホグ
出典：筆者撮影

の際によく振舞われるご馳走である。蒸し焼きで脂にまみれた石は、まだ熱いうちに手のひらに乗せて転がすと健康に良いというので、みんなで「熱い！　熱い！」と言いながら挑戦した。ホルホグは骨付き肉の塊をナイフで切り分けて食べるが、この時、思先生が骨に肉を残さずきれいにそぎ落として食べることが、命に感謝を示す礼儀とされるのだと教えてくれたので、みんな慣れないナイフさばきで真剣に肉をそいでいた。乳製品はウルム（クリームのようなもの）やアーロール（酸味のある硬いチーズ）などをいただいたが、これも遊牧民の夏のごちそうである。家畜の恵みがどれほど素晴らしいものであるか、遊牧民にとって家畜がどれほど大切な財産であるか、皆身をもって体感した日であった。

　私は前回のモンゴルフィールドスタディにも参加しており、その時に遊牧民の家庭をいくつか訪問し、インタビューを行った。家畜の頭数や値段、飼料の価格や、ここ

数年の災害による被害などについて、小規模ながらデータを集めた。また、インタビューに協力いただいた家庭でホルホグをいただいた。その時のことも思い出しながら、オオカミに家畜を襲われることが、遊牧民の生活の中でどのように受け止められるのかを想像した。

　翌日はウブルハンガイ県へ向けて出発した。途中休憩をはさみながら、県庁所在地のアルバイヘールに着いたのは日も沈むころであった。アルバイヘールのホテルに1泊し、翌朝は町にある博物館とガンダン寺院を見学した。寺院では責任者に話を伺うことができた。モンゴルではチベット仏教が主に信仰されているが、社会主義時代には弾圧の憂き目にあった。民主化以降は復活したが、忘れられた伝統や価値観も多く、それを思い出すことが、現代の環境問題の解決の糸口になると責任者は語った。チベット仏教がかつて、そして今にモンゴルで果たした役割の大きさを感じることができた。

　夕方には市場で買い込んだ食料を携えて、キャンプ地に向かった。ここはオンギー川を保護するネルグイさんが川のほとりに建てた宿泊地で、毎年モンゴルフィールドスタディではお世話になっている場所である。2階建ての小屋とゲルに分かれて宿泊することになったが、ゲルに泊まりたいという学生が多く、争奪戦になった（ゲルに寝泊まりするほうが夜間の冷え込みが激しいことを知っているにもかかわらずである。メンバーの好奇心や適応能力を感じた瞬間であった）。

　キャンプ地で自然や自炊、毎晩の宴会を楽しむ合間に、各班に分かれて作業を進めた。絵本班は運転手さんたちやモンゴル国立大学の学生たちに、各々がテーマとする動物や、モンゴルの自然環境について話を伺い、ストーリーを練り直した。私もオオカミ猟をするには多くの人手と労力が必要になることを知り、元遊牧民の叔父さんが猟師を大量に雇うシーンを入れた。

【写真16】話を聞く絵本班

出典：筆者撮影

　キャンプ地からウランバートルへ戻る途中、遊牧民のご家庭でインタビューをさせてもらった。私はそのご家庭の女の子に、オオカミについてどう思っているかなどを聞いた。彼女は私の唐突な質問に真摯にこたえてくれたのだが、なかでも、「オオカミは男の人にとっては強くて幸運の証でもあるが、女の自分にはあまり関係がない」という言葉が印象的であったので、主人公を少年から少女に変えてみようと思いたった。伝統的なオオカミの解釈に、少女の目線を入れてみるのも新しい解釈に繋がるかもしれないと考えたからである。

　運転手さんたちの懸命なドライブのおかげで、夜にはウランバートルに戻ることができた。その次の日は、最終日モンゴル日本センターで行う発表に向けた準備に費やした。絵本班も、阿部先生のアドバイスの下、シンプルにストーリーを話す発表をすることに落ち着いた。各班、資料づくりに追われ、時計の針がてっぺんを幾度か過ぎたころに眠りについた。

　翌日の発表はみんなうまくいき、聴衆の皆さんからはあたたかい拍手をいただいた。絵本班のストーリーも、モンゴル国立大学のドーギーちゃんが訳してくれたおかげで、モンゴルの方々も熱心に聞いてくれていたのがわかって、気恥ずかしくもうれしかった。

　最後の夜、ウランバートルのモンゴル料理屋さんで打ち上げを行った。その日がたまたま思先生とモンゴル国立大学のチビちゃんの誕生日に近かったため、サプライズでお祝いをすることになった。そしてさらに日本人学生から、今回お世話になったモンゴル国立大学の学生3人へ、これまたサプライズで花束をプレゼントした。するとなんと、モンゴルの学生たちも私たちにマグカップ——それもウブルハンガイ県で撮った集合写真（本報告書、第1部の表紙を飾っている）をプリントしたものを、サプライズでプレゼントしてくれたのである。サプライズに次ぐサプライズ。その場は歓喜の涙にあふれた。翌日日本に帰るのが惜しくてたまらなかった。

　いくら日本に帰りたくなくても、うちに帰るまでがフィールドスタディである。次の日、運転手のゾルガさんがご厚意でウランバートル市内のデパートに私たちを連れ出して、その上空港まで送ってくれた。ゾルガさんとモンゴル国立大学の学生3人に見送られ、昼過ぎ、私たちはモンゴルの草原を飛び立った。

4.5　フィールドスタディが終わって

　様々なドラマがあった今回のモンゴルフィールドスタディの雰囲気と、またその中で、どのように絵本が出来上がっていったのかを報告させていただいた。モンゴル

フィールドスタディに参加したのは2回目であるが、モンゴルとフィールドスタディの時の流れを感じるとともに、地域に赴き、現地の人とその土地の上に座ることの素晴らしさと大切さを、改めて実感した。特に今回の絵本作りは、そのことを常に意識せざるを得ないプログラムであった。そして、その意識を持たずしては、どのような普遍的な結論も、ただの机上の空論にしかならないのだと思う。また今回は、様々な背景を持つ人たちが集まって、ひとつのチームとして活動した。様々な個性が擦り合わされる中で、自分の内面について、成長や反省の気づきがあった。これは私だけではなく、メンバー全員に共通することであると思っている。

　このような機会に恵まれ、私は自分自身を非常に幸運に思う。改めて、チームのメンバー、日本とモンゴルでお世話になった方々に感謝申し上げる。そして、この幸運がより多くの学生に、より長くいきわたるように尽力したい。

参考文献、サイト

川島健二・星野仏方. 2013. 「モンゴル草原退化のホットスポットと退化草原を蘇る小型ほ乳類の生息行動への生態学的アプローチ」星野仏方編. 『変動する自然環境に左右されるモンゴル高原の遊牧』87-100. 名古屋大学大学院文学研究科比較人文学研究室.

澤向麻里絵・星野仏方・S. Ganzorig. 2010. 「モンゴルの山地ステップのブラントハタネズミ (Microtus brandti) の生息環境」自然科学編. 『酪農学園大学紀要』. 35(1). 65-72.2010-10. 酪農学園大学.

Wikipedia. 2010. 「ファイル：モンゴルー地方行政区分ー地図 .jpg」2020 年 3 月 22 日.
https://ja.wikipedia.org/wiki/%E3%83%95%E3%82%A1%E3%82%A4%E3%83%AB:%E3%83%A2%E3%83%B3%E3%82%B4%E3%83%AB-%E5%9C%B0%E6%96%B9%E8%A1%8C%E6%94%BF%E5%8C%BA%E5%88%86-%E5%9C%B0%E5%9B%B3.jpg

座　談　会

モンゴルフィールドスタディの参加者 13 人を 3 つのグループに分け、2020 年 2 月に座談会を行った。恩先生にも繰り返し言われたことであるが、今回のモンゴルフィールドスタディのメンバーの特徴は、とにかく、仲が良いことだ。そんな仲の良さが読者の皆さんに少しでも伝わればと思い、座談会形式でモンゴルフィールドスタディの経験を話し合った。

座談会①

◆ メンバー

松井惇
リーダー

大阪大学外国語学部
インドネシア語専攻

吉田泰隆
よしだ、財務大臣

大阪大学
工学部応用自然科学科

尾澤あかり
かーりー、あかりん

北九州市立大学
地域創生学群

ツェベルマー. B
チビ、チビちゃん

モンゴル国立大学
法学部

松　井　みんなはどんな理由でモンゴルフィールドスタディに参加したの ??

吉　田　モンゴルは大人になっても行く機会がない国のひとつだと考えたからかなぁ。でも、応募したときはそんなに深く考えてなかった（笑）。

尾　澤　私はモンゴルだからこそ、興味をもったよ。元々学生のうちに海外渡航したいと思っていたけど、みんながよく行く国は気が乗らなくて。モンゴルに行くこと自体が珍しいし、面白い経験が絶対にできると思った。

松　井　なるほどね。俺は移住生活をしているというモンゴルの遊牧民を一目見てみたいっていう理由から（笑）。日本ともこれまで旅行した国とも全く別の文化がモンゴルにはあると思って、自分の目で確かめたかったんだよね。

チ　ビ　私はみんなとは少し違うかも。モンゴルで絵本文庫の活動を 20 年近く続けて

いる近先生の紹介がきっかけだよ。あとは、思先生の連載[10]を読んでいたから、興味があったな。

松井　阪大が中心のプログラムで、学生も阪大生が多数派だったけど、それ以外の大学から参加した学生は戸惑ったりした？

尾澤　正直、焦りがあったかな（笑）。

松井　焦りは行く前から？

尾澤　うん。渡航前の学習はしっかり取り組んでいたけど、フィールドスタディの内容やその発表会の雰囲気も想像がつかなくて、大丈夫かな？っていう焦り。大阪大学と地方の大学が取り組むことに関しても、ちゃんとやれるか不安があったよ。

松井　そういう心配は、実際に行ってみて変わったりした？

尾澤　阪大生がすごいという印象は変わらないけど、不安以上にめちゃくちゃ楽しかったよ。年齢も、経験も、みんな違うからこそ、いいチームワークでできていたし。

松井　それはよかった。チビはモンゴル国立大学の学生として阪大生や北九大生に対して何か思うことはあった？

チビ　うーん…出身大学で何かイメージすることはなかったかな。でも事前に思先生から、日本の学生の優秀さをモンゴルの学生として確認してほしいって言われた。確かに優秀だと実感したよ。

松井　日本の学生の優秀さについて具体的に思った瞬間はあった？

チビ　ウランバートルで出会った初日の、事前学習の共有時間かな。私たちが想像していた環境問題の解決策は、すごく抽象的なレベルで、国が考える規模のざっくりした解決案しか考えていなかったんだよね。でも、日本の学生の解決策は具体的で、かつシンプルなものだった。まさか絵本が提案されるとは思わなかったな。

松井　絵本は、事前学習のときにちょうど良い資料が、論文や図書館の本から見つけられたことが大きかったよ。事前学習でいえば、北九大の事前学習のプレゼンはとてもよかったな。あの発表を聞くだけで、北九州に関してかなり詳しくなれたよ。

尾澤　事前学習ではめっちゃ調べたからね（笑）。福岡に住んでたら北九州のことは

---

10) 思先生は弘文堂「文盲から"文明"へ　本と出会い、人類学と出会ってみえたこと」という連載記事を書いている。https://hontodeai.hatenablog.jp/（参照：2020年3月24日）

学校で習うけど、ここまで深く調べたのは初めてだったよ。初めてと言えば、今回の経験は、私にとってはとにかく全部が新鮮だったよ。そもそも携帯が使えないから、何か知りたくてもすぐ調べられない。そんな非日常が、最初はすごく怖かった。だけどそのうち、その場所にいるその瞬間を楽しもうって思うようになれた。そう思えたのはその思いを実践しているみんながいたからだし、私1人や北九大のメンバーだけでは絶対に続かなかっただろうなぁ。

吉　田　あ、俺は現地の運転手さんたちと一緒に何曲か歌ったときが一番印象に残ってるな。星を見たり、草原に寝転んだり、ハグしたり。全部鮮明に覚えてる。

松　井　ところでみんなは、フィールドスタディに参加してから何か新しいことを考えるようになったり、変わったりしたことはある？

　俺は、動物の世界まで考えるようになったこと。今回のフィールドスタディでこのテーマに取り組まなかったら、動物の世界まで考えることはなかっただろうな。元々環境問題には興味があって、就職先も環境コンサルタントだけど、その時は人間と人間の出したモノ、つまりごみや汚染水の範囲までしか考えることがなかった。だけど、今回絵本の内容を考えるときに文献を調査したり、現地学習でバッタがたくさんいる草原や、そこら中に空いているネズミの巣穴を見て、気にかける世界がさらに広がった気がする。

チ　ビ　私は大学生が行動することの可能性を強く感じたよ。モンゴルの大学ではサークル活動はなくて、せいぜいディベートサークルや研究サークルくらいしかないんだ。そもそもサークル文化がモンゴルには存在しないんだよね。だから私たちの感覚では、大学生は大きな活動はできなくて、仕事をし始めてから何か行動することが普通なんだ。でも今回のフィールドスタディで、その中でも特に北九大のプレゼンをきいて、大きな課題に対して、大学生が主体的に動くことの意義を感じたな。

松　井　吉田はモンゴルの人に環境問題を考えてもらうプログラムを作る班だよね。プログラムを作ることを通じて何か学んだことはあった？

吉　田　うーん、そうやなぁ。現地の人の意見の重要性は感じたわ。自分は事前学習では無意識に主観的な視点でプログラムを考えてた。だけどモンゴルに行ってから、現地の人の意見を聞いて自分たちとの価値観の違いを実感して、自分だけで考えるのはダメだと気づかされたな。遊牧民をはじめとした現地の人の意思を組み込むことを考えるようになったわ。

松 井　遊牧民の方に話を聞いたとき、ただごみが環境に良くないというだけではなくて、彼らの大事な牛や馬がごみを食べてしまうことが問題だって言ってたよね。それも当てはまるかな。

吉 田　そうそう、それそれ。

松 井　俺は、個人行動をしがちだった。フィールドスタディに参加してみて、誰かと一緒に、同じ体験をすることが楽しいと思えるようになった！　だから帰国後は、誰かといる時間を作るようになったな。今日も後輩と映画観に行った（笑）。

尾 澤　変化で言えば、私は飲みに対して価値を感じるようになった。飲み会の参加率が上がった（笑）。

一 同　（笑）

尾 澤　それと理由は分からないけど、自分がやっている活動に＋αの行動を起こしたら、何か得られることが多くなった気がする。今やっていることが、より楽しい活動になってる！

吉 田　自分はモンゴルに行って、自由な考え方が持てるようになったな。常識にとらわれず、とりあえず行動することも増えた。大学院の進学先を考えるために東京に行ったり。ちなみにそのアドバイスをくれたのは、班員の宮ノ腰だよ。尊敬できる仲間が、今も自分を変化させてくれてるって感じる。そんな仲間が本当に好きだし、出会えてよかったと思っている。これから進学や就職で皆バラバラになるけど、ぼんやりとまた集まれるような気がしてるなぁ。

松 井　じゃあ集まるための企画、よろしく頼むよ。

吉 田　ええけど、参加してな？（笑）

一 同　（笑）

松 井　じゃあ最後に、フィールドスタディを経験する未来の学生たちにメッセージをお願いします！

チ ビ　フィールドスタディに参加する前に、全体と自分の目的をそれぞれはっきりさせるべきだと思う。頻繁に先生や他の学生と交流して、自分で目的を確認するといいよ。そうすれば、個人として大きく成長する機会が得られると思う。フィールドスタディ中は、専攻や今までやってきたことに縛られず、直面している課題に対して、自分が今できることを純粋に考えてほしい。私は成果発表のときに、隊長（小田）が作っていた石鹸にとても考えさせられたんだ。隊長の専攻が石鹸作りに全く関係のないアラビア語専攻だと知ったときは驚いたよ。私自身、自分

の限界を決めていたことに気づかされた。

吉　田　参加するにあたって、先生から必ず無茶な要求があると思うんだけど、絶対にみんなで乗り越えられるものだし、自分の考えを周りと共有して深める、いい機会になるよ。頑張って努力した人だけが眺められる景色は必ずあると思うし。

尾　澤　迷っても少しでも興味があるなら行った方がいい！　決断をするのは勇気が必要だけど、たった１人で参加するわけではないから安心して。自分の力も大事だけど、ときには周りを頼ることは大切だよ。そして参加後は、フィールドスタディに対して感じた気持ちを大事にして過ごしてほしい。私は、その気持ちがいま行動する原動力になっているよ。あ、あとひとつ！　先生の意見をただ鵜呑みにするのはやめた方がいいかな。もちろん先生の意見は、正しいことが多いと思うよ。だけど、自分の中に一回落としこんでみて、納得できるか、納得できないか、自分の気持ちに向き合って考えてみて、その理由を追求してみることが大事かな。

松　井　僕らのフィールドスタディはもっとよくできたと思う。もっと全体で話し合う場を出発前も最中も帰ってきてからも、もっと多く設けるべきだった。それと、僕がリーダーだから決めてしまうことが何度かあった。課題に直面したとき、たとえ時間がかかっても、みんなで悩みに悩んで納得したものを生み出したらもっとよくできると思う！

座談会②

◆ メンバー

横上玲奈
おじょー

大阪大学外国語学部
英語専攻

小田大夢
たいちょー

大阪大学外国語学部
アラビア語専攻

宮ノ腰陽菜
みやのこしぃ

大阪大学外国語学部
アラビア語専攻

平良慎太郎
しんちゃん

北九州市立大学
経済学部

ビャンバザヤ. B
ザヤちゃん

モンゴル国立大学
法学部

横　上　フィールドスタディ前後で変わったこと、何かあるかな？　些細なことも大丈夫。

小　田　僕は正直、今回のフィールドスタディを通して変化は実感してないかな。思先生とは以前から知り合いだったし、授業やフィールドスタディはその付き合いのひとつだったからね。でも、先生との出会いを通して、徐々に「不良」[11]になっていったなぁ。

横　上　どこで「不良」になったって感じた？

小　田　ぱっと思いつくのは酒飲みになったことかな（笑）。コミュニケーションを取るのはもともと得意だったけど、自分の殻を破って相手の立場に立って考えられるようになったり、相手に対する許容範囲が広がったと思う。

横　上　そうなんだ。許容範囲が広がったエピソードとかってあるの？

11）思先生は学生に「『不良』になれ」と繰り返し説く。ここで言う「不良」については以下を参照いただきたい。

　　文盲から"文明"へ　本と出会い、人類学と出会ってみえたこと．「第60回「地域に学び、地域とかかわる③」」https://hontodeai.hatenablog.jp/entry/2020/02/20（参照：2020年3月24日）

小　田　僕さ、元々煙草がすごく苦手なんだよね。大学に入ったときに絶対に吸わな
　　　　いって決めてた。でも、思先生たちといるうちに煙草を吸いながら語り合う、そ
　　　　ういう付き合いもいいなって思えてきた。一緒に交じって同じときを楽しむのも
　　　　いいなって。煙草を吸わないなら吸わないでいいし、その人に合わせたコミュニ
　　　　ケーションを取るようになってきた。それが許容範囲が広がったってことかな。

平　良　僕は今まで海外に行った経験がなかったから、自分自身の変化は大きかった
　　　　よ。北九州市立大学の副専攻プログラムを受講したとき、石川先生[12]にいきなり
　　　　「モンゴル行かない？」って誘われて。勢いで参加したんだ。フィールドスタディ
　　　　に参加してから、純粋な気持ちだけでいろんなことに挑戦できるようになった！

横　上　モンゴルに行くって決まったときはどんな気持ちだったの？

平　良　初の海外滞在がモンゴルだとは思わなかったな（笑）。でも今逃げたらもう行
　　　　けないし行こう！って思った。行ってみたら、とても面白かった。お酒の味も覚
　　　　えたし（笑）。

小　田　テーマはやっぱお酒なんだね（何かを飲みたそうな顔をしながら）。

横　上　しんちゃん（平良くん）はさっき、自分が挑戦できるようになったって言っ
　　　　てくれたけど、帰国後は何かに挑戦したの？

平　良　学友会[13]の活動かな。僕はフィールドスタディに参加する前から、学友会の
　　　　中央執行委員会の委員長をやってるんだ。それまでは能力面で不安があったけど、
　　　　モンゴルでの生活を経て、今までできなかった活動に挑戦できるようになって、
　　　　前よりも学友会の活動が楽しくなったよ。

横　上　ありがとう。ザヤちゃんの意見も私は聞かせてほしいな。

ザ　ヤ　いくつかあるよ。まずは、モンゴルの自然環境に対するわたしの態度が変わっ
　　　　たこと。わたしはモンゴル人なのに、モンゴルの環境を気にかけていなかったこ
　　　　とをみんなに気付かされたな。次に、日本語と日本文化について理解が深まった
　　　　こと。日本語の会話は上達したし、日本文化については、大学に日本人の先生は
　　　　いるけど、私自身は日本に行ったことはないから、私と近い年齢の日本人の考え
　　　　方が知れてよかった。最後に大きな気づきとして、チームワークが何なのか知れ
　　　　たよ。モンゴル人と日本人の考えるチームワークは少し違っていて、私は日本人
　　　　の考えるチームワークの方が良いと思った。私とチビちゃん、ドーギーちゃんは

---

12) 石川先生は北九州市立大学地域共生教育センターの准教授で、今回のフィールドスタディに参加された。
13) 北九州市立大学には学友会と呼ばれる学生全員が会員の学生自治組織がある。平良が所属する中央執行
　　委員会は学友会の代表機関であり、会費の管理や大学当局との意見交換・交渉を行っている。

発表を通して、モンゴル人の学生に日本のチームワークの良さを伝えようと頑張ったよ。現地で毎晩行ったミーティングも気合が入っていて、それと似たことをモンゴルの授業で実践しようって今頑張ってるんだ。

横上　えー、すごい！　わたしたちから学んで、取り入れてくれてるんだね！

ザヤ　でも毎日はできてないけどね、今日はやめとこうとか（笑）。

横上　そりゃしかたないよ（笑）。

小田　チームワークっていう話が出たけど、僕らの具体的に何が良かったんだろう？

横上　確かに、日本人からしたらある意味当たり前だから気になるよね。

ザヤ　日本人は、お互いのことをよく理解しようとする姿勢がある。それがモンゴル人と違うのかも。モンゴルの人たちは、正しいことは何かを一番大事にしていて、メンバーの意見をすべて大事にするわけではないから。

小田　モンゴル人の考え方はより合理的なのかな。

ザヤ　でも人の意見は一人ひとり違っていて、それを聞くのが大切だと思うよ。あと日本のみんなは毎晩飲み会をしているんだよね？

小田　それはちょっと…。

横上　日本のスタンダードではないというか（笑）。フィールドスタディでは毎晩してたけどね。

ザヤ　でもそれが、良いチームワークの秘訣なんだと思うな。

平良　お互いを理解することについて、ひとつ質問していいかな？　議論の場で誰かの意見を否定したときに、その人自身を否定してるように受け取られてしまったことが前にあって。モンゴルの人は本人を否定せずに、意見だけを否定したい時はどうしてるのかな？

ザヤ　モンゴルでもそれが問題になって、喧嘩に発展してしまうこともあるよ。

横上　集団でのコミュニケーションの取り方はすごく難しいよね。陽菜ちゃん（宮ノ腰さん）は今回のフィールドスタディで何か変化はあった？

宮ノ腰　私は2年前のフィールドスタディに参加したから、今回、特別な変化は特にないかな（笑）。

横上　じゃあ、これまでのフィールドスタディと比較して今回のフィールドスタディで何か感じたことはある？

宮ノ腰　3年生の時に雲南フィールドスタディに参加して、今年はモンゴルと雲南の両方に参加したけど、仲の良さが違う！　モンゴル班は仲が良い！　北九州市立大学のメンバーに旅行で会いに行ったり、モンゴルのメンバーで頻繁に飲んだり。

フィールドスタディ参加後も仲の良さが継続することがめったになかったから驚いてるよ。お互いが思いやりつつ、遠慮がない関係なんだよね。きっとフィールドスタディで信頼関係ができたんだろうな。自分の学部やサークルでもこんなに仲良くなることはないよね（笑）。

横　上　ありがとう。私はみんなに出逢えて、新しいコミュニティができたことが収穫かな！ 初めての土地で大変な思いをしながらも、みんなで川で皿洗いしたり、語り合ったり、辛いことも楽しいことも共有できたから、こんなに信頼し合えるんだろうな。

宮ノ腰　みんなもそう思ってそう！

横　上　ここで再確認できたことも素敵だよね!!
　　　　ザヤちゃんは何か変化があったりする??

ザ　ヤ　そうだな…私は国内旅行に興味を持つようになったよ。フィールドスタディを通して、モンゴルの田舎はつまらないっていうイメージが消えて、行ってみたいと思うようになったな。今までは、旅行するときは段取りをすべて家族に任せていたけど、自分で準備手伝うようになったし（笑）。

横　上　それはおもしろい収穫だね！ 確かに私も、違う文化を体験するおもしろさを改めて知れたな！ 実際に訪れて目にした空の広さと低さとか、家畜の群れの多さとか！

宮ノ腰　フィールドスタディは旅行とは違うもんね！
　　　　参加者のバックグラウンドが違うのも面白かった！

横　上　うんうん！ 今回は初めて３大学合同で実施したフィールドスタディで、それぞれの大学ごとに色が違っていたんだよね。でも初日は、一番人数が多い阪大生のせいで、北九大の学生が、肩身の狭い思いをしてないか、心配だったな。

平　良　全く気にならなかった！ 初めは気にしていたかもしれないけど、今は全然思い出せないくらい仲良くなれたしね。大学のサークルとかのコミュニティは似た人が集まるけど、３大学で背景の違う学生が集まったから、カルチャーショックを受けたよ。お酒を飲みながら意見交換したり、初めての価値観に触れることで、自分が井の中の蛙だったと実感できた。これまでは自分の住所を省略して「北九州市」から書いていたけど、帰国後は「福岡県北九州市」って書くようになった。自分にとっては大きな変化だった（笑）。

横　上　なるほどね。北九州＝福岡が当たり前じゃない人もいるって世界が広がったんだ！

平　良　それとフィールドスタディのメンバーに海外に行った人が多いことにもびっくりした！　聞いたことのない国、遠い国に行ってる人がこんなにいるんだって。僕は沖縄から北九州に出ただけで友達に自慢していたのに。

横　上　みんないろんな経験してるから話がおもしろいよね！　そろそろ最後の質問にいこうかな。これからフィールドスタディに参加する後輩へ、何かメッセージをお願いします！

ザ　ヤ　色々な大学の全然知らない人と一緒に参加することを恥ずかしいと思わず、自分を自由に表現することが大事だと覚えていてほしい。その方がフィールドスタディも上手くいくよ。

横　上　ありがとう。小田くんはどう？

小　田　伝えたいことか… 伝えたいこと…。思先生いわく、前回のフィールドスタディから今回は飛躍できたらしいよね。でも規模が大きくなると、やりにくい事も増えるかもしれないよね。例えば僕が作った石鹸とか、僕ら先輩がしたことを引き継いでくれるのも嬉しいけど、それに囚われず自分のしたいことをしてほしい。何よりフレッシュなフィールドスタディにしてほしいな。

宮ノ腰　私からは、とりあえず楽しむこと！　全力でするからフィールドスタディは楽しいんだと思う。事前学習は本当に何も分からないことから始まるし…行ってからも活動の内容が分からないままで…。帰ってからは時間が経って忘れちゃったこともあるし。全体通して大変な経験だけど、その分楽しいこともたくさんあるよ。会ったことない人、見たことのないもの、したことのない経験。いきなり「タバコ吸う？」って言われたり、強いお酒勧められたり、そういう体験に抵抗もあると思うけど、1度挑戦するのもひとつの手かなって。

平　良　北九大は自費渡航で前例もなかったから、精神的・経済的な負担っていう面で渡航前の敷居は高かったなあ。でも、同じ10日間とお金があっても、この機会じゃなきゃ得られない経験や出会いがたくさんあったから、とりあえず行ってみてほしい！　フィールドスタディの価値を知らないと、あのとき行けばよかったなんて後悔することすらできないしね。他では得られない唯一無二の経験を得るためにも参加してほしいな。

横　上　みんながほとんど言ってくれたけど、口を合わせて行ってよかったって言えることがすごい!!　とりあえずやってみようとか、楽しんでみようとか、そんな気持ちを大事にしてほしいかな。

《モンゴルフィールドスタディに参加した阿部さん乱入!!》

横　上　阿部さ――ん! 今後フィールドスタディに参加する方に阿部さんからもメッセージお願いします!

阿　部　情を持って旅に出よう! 怖がらずに。先生も先輩も怖いし、最近はハードルも上がっているんだけど、とりあえず怖がらず楽しむことを優先してやってください! それがまずは1番だと思いまーす! お邪魔しました――! (お酒片手に)

横　上　ありがとうございます! みんなもたくさん話してくれてありがとう! 話せて楽しかったです!!

座談会③

◆ メンバー

千賀遥
姐さん

大阪大学外国語学部
アラビア語専攻

赤岩寿一
兄さん

大阪大学
工学研究科

渡部胡春
こはる、世界のこはる

北九州市立大学
地域創生学群

ドルジンスレン.O
ドーギー

モンゴル国立大学
法学部

千 賀　まずはみんながフィールドスタディを通して、どんな変化があったか聞いて
いこうかな。

赤 岩　一番変化したことは、思いやりの大切さを再確認したことかな。現地の人や
メンバーの優しさを感じたよ。加えて、自分にとって印象的だった言葉があった
な。遊牧民の人にインタビューするときのこと。思先生が話した「彼らを楽しま
せることを第一に」という言葉。一般的なインタビューの目的は、短時間で上手
に情報を引き出して、自分の疑問を解決することだと言われるよね。でもそんな
インタビューは場面次第では、思いやりに欠ける自分本位なものだって気づいた
んだ。遊牧民の人たちにとって、僕らは突然やって来た、珍しい客だから、まず
仲良くなることを大事にするんだ。フィールドスタディを通して、相手のことを
第一に考える大切さを痛感したな。

千 賀　本当に。班員も現地の人もみんな優しかったよね〜。

ドーギー　私はモンゴル人だけど、モンゴルの遊牧生活や環境について知らないことが
たくさんあることに気づいたよ。草原の動植物に関する知識や遊牧民が実際に抱
える問題は都会育ちだから知らないことが多かった。例えば、ブラントハタネズ
ミが自然環境に与える効果は、松井くんが絵本の題材として紹介するまで知らな
かった。環境問題に対して、その原因は何だろうってより深い部分まで考えるよ
うになったな。

千 賀　私が変化したことは、自分がどういう人なのかという現状を自覚して、「こう

ありたい」っていう理想が明確になったことかな。フィールドスタディは目標が
あって、それぞれの課題があるじゃん。ただでさえ慣れない環境のなか、睡眠時
間を削ったり、移動時間も利用したり、結構ハードだったよね。そんな状況でも
みんなは仲間を優先する心をもっていた。そんなみんなを見て、自分も仲間を優
先できるようにならないと、って感じたなぁ。兄さん（赤岩くん）の意見と被る
けど、自分がどんな状況でも、相手を思いやる心を持つべきだと思った。

千　賀　じゃあ次は、みんながフィールドスタディで得た1番の収穫について！

ドーギー　はい！　色んな学生が1つのチームになって、課題に対して、準備から発表ま
で協力し合ったことで、色んな能力を身につけることができた！　モンゴルに関す
る知識や、相手にわかりやすく説明する力、情報を整理する力、コミュニケーショ
ン能力を高めたりすることができたと思う。あとは、日本人学生のチームワーク
に感動したな。モンゴル人はグループで仕事をするのが苦手で、個人で行動する
ことが多いから、今回のフィールドスタディを通じて、チームで行動したり、役
割分担したり、急に発生した問題に対応したりする経験ができてすごくよかった！

千　賀　チームの大切さを感じたんだね。収穫は変化と重なる人が多いのかな。じゃ
あ今までフィールドスタディの良いところについて話し合ったから、逆にフィー
ルドスタディの改善点について話したい人はいるかな？

赤　岩　僕らはモンゴルに寄り添った提案をしたつもりだけど、いま思えば現地の文
化や生活をより詳細に体験する必要があったんじゃないかな。今回あまり関わる
ことがなかった都市部のモンゴル人の暮らしが気になるよ。

渡　部　そうかも。事前学習を通じてモンゴルに関する知識はあったけど、街の様子
を実際に見る機会は少なかったもんね。

ドーギー　私は、過去に日本でホームステイをして、日本の生活を体験したことが、今
の日本留学の役に立っている気がする。だから、遊牧民の家庭にホームステイし
て、家畜の世話をしたり、乳製品を作ったり、遊牧民とじっくり話したりする中
で、現地の生活の課題を実感できたらいいよね。いきなり来た学生が遊牧民に質
問をしても、必ずしも答えが返ってくるとは限らない。実際に一緒に過ごすなか
で尋ねることで、より正確な情報が得られそうだよね。

渡　部　私たち北九大は環境意識を変えるきっかけとしてゴミ拾いを提案したけど、
それが本当にモンゴルの人の生活や価値観に合うものになったかは不安だった。
今後のフィールドスタディではモンゴルについて深く知った上で、さらにモンゴ

ルの人に寄り添った提案になるといいな。

赤　岩　確かに。さっきドーギーがモンゴル人の性格について話していたけど、モンゴルの人たちの意欲が向上するごみ拾いの方法がもしかしたらあったのかもね。

ドーギー　うん、そういうことは質問するより体験したほうがよくわかるよね。特に環境問題はモンゴル人ですら知らないことも多いから、異文化体験を通して深く環境問題を理解するのがいいんじゃないかな。

渡　部　あと、馬！　馬に乗りたい！

千　賀　私も！　前回参加したときも馬に乗ってないし！

ドーギー　じゃあ次回は、車で移動せず馬に乗って調査しないとね。

一　同　（笑）

千　賀　馬で思い出したけど、旅行とは違うフィールドスタディのいいところって何があるかな？

赤　岩　旅行とは違って、フィールドスタディではみんなが課題意識を持って参加しているよね。

ドーギー　旅行は気持ちがフリーで責任もないから、その分学びも少ない気がする。フィールドスタディは体験しながら、楽しみながら、学ぶことができると思う！

千　賀　体験しながら、楽しみながら学ぶ。いいね、本当にその通り。

渡　部　私はフィールドスタディでいい刺激をたくさんもらったんだ。単なる旅行だと、「楽し〜い、きれい〜」で終わるじゃん。でもフィールドスタディの参加者は、みんな何かに向かって進もうっていう気持ちがあったから、自分ももっとみんなと一緒に頑張りたいと思えた。帰ってきてからもみんなのことを思い出して頑張ろうと思えたし。フィールドスタディはそんな仲間を得ることができた良い機会だったな。

ドーギー　仲間か〜。日本の大学に来て4か月がもう経ったけど、実は日本人の友達が全然いないんだよね…。フィールドスタディはみんなと仲良くなるいい環境だったな。日本の学校環境は仲良くなるチャンスが少ないよ…。同じモンゴル人留学生の先輩ですら、1年や2年日本にいても友達ができないのに、フィールドスタディは1週間でこんなに仲良くなれるからすごいよね！

赤　岩　フィールドスタディでは四六時中一緒にいたし、同じ目標を持って頑張ったのがよかったよね。

渡　部　あと、モンゴルは草原が広がっていて何もないからこそ、逆に人の温かさを感じた。みんなめっちゃいい人じゃん！　私、人と一緒に生きてるんだ！　みんな

仲間だ！　って感じた（笑）。

ドーギー　みんな大らかだしね。

赤岩　人の優しさで言えば、メンバーの存在も大きかったな。班のために率先して行動する意識をみんながもっていたから。自分は気の利くタイプじゃないから、周りのために即座に行動できるみんなを見て自分を恥ずかしく思ったし、そんなメンバーのために自分も何かをしたいと思えた。それが絆になった。最初に言ったけど、思いやりを感じたな。

千賀　大変なことも厳しい環境も、同じ目標を持つ仲間がいたからこそ乗り越えられたってところがあるよね。

　じゃあ逆に、この素晴らしいメンバー（笑）が集まっても難しいと感じたことは何かあるかな？

ドーギー　モンゴルの環境問題に関して、様々な原因を扱ったから難しかったかな。

　あとは、モンゴルで偉い人がフィールドスタディの成果発表を聞きに来る予定だったのに、夏休みという理由で欠席になったのは残念だったな。今のモンゴルの人々は、学生が取り組んでいることにあまり興味がなさそうだし、真剣ではない。それが残念だし、モンゴル人として恥ずかしかった。発表を見た人も、なんとなくいいなぁと思って聞いてるだけのように思えて…。これから日本とモンゴルのつながりを継続する上で、私たちモンゴル人が頑張らないと。このフィールドスタディの効果も続かないしね。モンゴル人が協力しないと、これから環境問題はもっと深刻化すると思う。環境省や公務員の人たちともやり取りする必要があるかも。日本でしっかりメンバーを作っているなら、モンゴル人でもメンバーを揃えないといけない。

千賀　考え出すと課題山積みだなぁ。モンゴルで環境学を専攻にする人と議論する機会があったらもっと良い成果が出せるかもね。

千賀　じゃあ最後に、皆さんから後輩に向けてメッセージをお願いします！

ドーギー　能力とか知識を身につけるために重要なことは体験することだと思う。だから、他の学生にもフィールドスタディを体験してほしいな。自分の価値観を広げたり、アイデンティティを確立したりするには、他国に行って異文化に触れて、自分を知ることが１番大切だと思う。フィールドスタディはその良いチャンスだよ。

赤岩　自分にとっての「当たり前」は、世界の視点でみれば「当たり前」じゃない。

　　　　フィールドスタディは、旅行では見えてこない考え方や価値観の違いを実感でき
　　　たという意味で貴重な経験だと思うよ。

渡部　　自分が日頃関わらない人やモノと関わりながら、違った背景を持つ人と一緒
　　　に取り組むことで新発見が多かった。日本にいるときは日本の中にいる自分しか
　　　みえないけど、世界に行くと世界の中の自分を俯瞰してみることができる。グロー
　　　バルな時代でどう生きていくかを考える上で、外に行く経験は大事！

ドーギー　完全同意！

千賀　　私もそう思うな。日本の学生は学年が上がるにつれて、同じような人とひと
　　　つの環境にとどまることが多い。研究室とか学科とかね。でもそれってすごくもっ
　　　たいないことだと思う。幸いにして阪大には、思先生が作ってくれたフィールド
　　　スタディプログラムがあるけど、他大学にももっとこんな機会が増えたらいいと
　　　思う！　そのためには、国家や学界のお偉いさんにフィールドスタディを今以上に
　　　評価してもらって、予算をもらわなきゃね（笑）。

赤岩　　期待してるよ、姐さん。なんちゃって（笑）。

千賀　　（笑）

執筆者プロフィール

作成：横上玲奈

所属および学年は 2019 年度執筆当時のものである。

思　沁夫（す　ちんふ）

大阪大学グローバルイニシアティブ・センター
特任准教授

　内モンゴル生まれ。モンゴルや雲南、シベリア等でフィールドワークを行い、現地の人々や学生たちとともに、環境問題解決と学生の教育に熱心に取り組む。およそ 10 カ国語を操り、酒を酌み交わしてきた人脈は、世界中に広がる。「鬼のスチンフ」と呼ばれているが、現地ではとりわけ優しく、学生想い。フィールドスタディ最終日の誕生日サプライズでは、涙を流し喜んでくれた。

岸本　紗也加（きしもと　さやか）

北九州市立大学地域共生教育センター　特任教員

　かつて学生としてモンゴルフィールドスタディに参加した。今回は、教員として学生を引率。モンゴルで日本語を教えていた経験もあり、みんなの頼れる存在。思先生との付き合いも長く、先生の飲み過ぎを心配して「ウコンの力」を準備しておくなど、とても気が利く。今年、挙式予定で幸せいっぱい！

松井　惇（まつい　あつし）

大阪大学外国語学部外国語学科インドネシア語専攻 4 年
ニックネーム：リーダー

　我らがモンゴル班の頼れるリーダー！ リーダーシップと優しさでみんなを引っ張ってくれる。イジられることも多いが、とっても愛されている！ インドネシア留学がきっかけで環境問題に関心をもち、普段から my 箸や my カップを持ち歩く。

横上　玲奈（よこうえ　れな）
大阪大学外国語学部外国語学科英語専攻4年
ニックネーム：お嬢

　思先生の授業を受講したことはなかったが、目が笑う笑顔が気に入られてフィールドスタディに参加させてもらう。現地では、寒い朝に薄着で、「寒いの好きなんです！」と笑顔で答えたことで、先生に気に入られ、お嬢というあだ名まで与えられた。

吉田　泰隆（よしだ　やすたか）
大阪大学工学部応用自然科学科3年
ニックネーム：よしだ、（財務）大臣

　お金を管理する財務大臣でありながら、夜は飲み会隊長となって場を大いに盛り上げてくれる。彼が生み出した「ファミリ ── !!!」という乾杯の掛け声は、いまやモンゴル班の定番。モンゴル班メンバーを愛していて、全員に年賀状を出したり、サシ飲みを企画してくれたり… ほんとイイ奴！

赤岩　寿一（あかいわ　としかず）
大阪大学工学研究科ビジネスエンジニアリング専攻
修士1年
ニックネーム：兄さん

　優しい笑顔が素敵な、みんなのお兄さん。渡航前は、思先生から大量の課題を与えられたが、屈することなく何とかこなして、そのまっすぐさが先生に認められる。肉中心のモンゴルの食生活が気に入り、骨についた肉まできれいに食べ、また先生に気に入られる。研究室や就活で忙しいことが多いが、誘うと飲み会に来てくれる。

小田　大夢（おだ　ひろむ）
大阪大学外国語学部外国語学科アラビア語専攻 2 年
ニックネーム：隊長、ビックドリームひろむ、ハッピー小田

　阪大の同学年で唯一の岩手県民。寒さにも負けず裸足に下駄で高校に通っていたり、アラビア語のラジオを聴いていたり、昭和歌謡が好きだったり…おもしろい話が止まらない！ モンゴルから帰国後も、ヒツジの脂で石鹸をつくり、家中にモンゴルのにおいを充満させる。中国・雲南からモンゴルへ向かう自転車の旅に出る予定。

宮ノ腰　陽菜（みやのこし　はるな）
大阪大学外国語学部外国語学科アラビア語専攻 4 年
ニックネーム：みやのこしい

　フィールドスタディの常連さんで、雲南や宍粟市フィールドスタディには参加済み。2019年度も 8 月中旬にモンゴルに行き、9 月下旬の雲南フィールドスタディへの参加をすぐに決めてしまうタフガール!! メンバーはもちろんのこと、思先生からの信頼も厚く、普段から秘書並みに仕事をこなしている。

千賀　遥（せんが　はるか）
大阪大学外国語学部外国語学科アラビア語専攻 4 年
ニックネーム：姐さん

　今回唯一 2 度目のモンゴルフィールドスタディ参加者。モンゴルの環境や思先生にも慣れていたり、ネイティブの関西弁で的確な指摘をしてくれたり、頼れる姐さん！ モンゴルでの成果発表では、オリジナルのオオカミの物語で皆の涙を誘った。

平良　慎太郎（たいら　しんたろう）
北九州市立大学経済学部経営情報学科2年
ニックネーム：しんちゃん

　今回のモンゴルフィールドスタディが初めての海外経験！ 沖縄生まれで、お酒に強い。いつもお気に入りのかわいいTシャツを着ている。しっかり者で、大学の学友会では会長も務める。

尾澤　あかり（おざわ　あかり）
北九州市立大学地域創生学群地域創生学類2年
ニックネーム：かーりー、あかりん

　現地の運転手さんに気に入られ「オザワー」と呼ばれて手を握られ続けていたが、愛想笑いでクールに応じる。渡航前の一番の心配は電気と電波のない生活で、スマホが使えないことだったらしいが、それも乗り越えた。

渡部　胡春（わたなべ　こはる）
北九州市立大学地域創生学群地域創生学類2年
ニックネーム：世界のこはる、みんなのこはる、こはるん

　よく食べ、よく眠り、何よりよく笑う、モンゴル班の元気娘！ 世界レベルに良く通る声と明るい笑い声は、場を一気に明るくしてくれる。モンゴルでは、現地の運転手さん（通称：水兵さん）とともに、なぜかHARIBO（ドイツのグミ）にハマる。

Tsevelmaa Batnasan（ツェベルマー．B）

モンゴル国立大学法学部内名古屋大学日本法教育研究
センター / 名古屋大学法学研究科　修士 1 年
ニックネーム：チビちゃん

　専門的なモンゴル語と日本語の通訳を完璧にこなしつつ、移動中に寝ている人の髪を抜こうとするなど、とってもお茶目な一面ももつ。特に、吉田との毒のある掛け合い？　言い合い？　が最高におもしろい！

Doljinsuren Otgonbaatar（ドルジンスレン．O）

モンゴル国立大学法学部内名古屋大学日本法教育研究
センター / 名古屋大学法学研究科　修士 1 年
ニックネーム：ドーギーちゃん

　心優しく、友だち想いなドーギーちゃん。子どものころに描いた絵が、2015 年度のモンゴルフィールドスタディ報告書の挿し絵に使われていたという思先生との不思議なご縁の持ち主。チビちゃん同様、名古屋大学法学研究科に留学中！

Byambazaya Bizaagundaa（ビャンバザヤ．B）

モンゴル国立大学法学部内名古屋大学日本法教育研究
センター 4 年
ニックネーム：ザヤちゃん

　モンゴル大チームの妹的存在。好奇心旺盛で、たくさん質問してくれる。フィールドスタディ中は、日本人メンバーが皆若く見えると言って、年上に対しても「17 歳に見える」などと診断してくれた。持ち前のスタイルの良さと、ポージングの豊富さで写真を撮ればたちまちモデルさんのよう！

第二部

雲　南

奇跡と呼ばれる世界遺産。ハニ族の村の棚田（思沁夫撮影）

「山村に住んでみたい」

大阪大学 山・村班

‥‥‥‥水森百合子

1. はじめに
2. 目的・調査概要
3. 調査地域の概要
   3.1 南嶺とは
   3.2 地理・生態的特徴
   3.3 歴史・文化的特徴
4. 調査の詳細と結果
   4.1 生態系調査
      4.1.1 コーヒー農地の土壌調査
      4.1.2 調査地域周辺の生態
   4.2 農村におけるインタビュー調査
5. 提案
   5.1 理念「四世同堂」
   5.2 自然林の多様な植生を活かした多角的な経営
   5.3 高付加価値の天然森林観光と地産地消レストラン経営
6. 数理モデルによるアプローチ
   6.1 モデル概要
   6.2 結果
   6.3 考察
7. おわりに

山村に住んでみたい

大阪大学 山・村班：水森百合子

1.　はじめに

　私たち山・村班は、学生2名と教員3名から成るチームであり、専門も立場も異なっている。何かを伝える相手の属性も、相手と協力して行う物事の内容も、普段の大学生活からすると想定外である。

　第1に環境が違う。ここは中国である。プーアル茶くらいしか知識のなかった地域で調査をして、3日後に現地の大学で提案するなど正気だろうか。違うことといえば、言語、習慣、食べ物、通貨がそうだ。追い詰められた末に人間に起こることはなんだろうか。それは身の破滅である。現にメンバーの1人が夜の畑で溺れ、危うく非業の最後を遂げるところだった。

　普段は整備された都市で暮らす私たちが、標高1,700mのおおらかな自然に囲まれて素敵な人々とともに過ごした。絶景を眺めながらの調査は本当に贅沢であった。何より現地の方々の笑顔や自信に触れたことが強く印象に残っている。

　あらゆる想定外は、20年間の人生で疑いを持つことのなかった前提を揺るがす。そして、それが前提となっていた理由を考えることは、私自身の故郷について距離を置いて考えることである。考えもしなかった視点を持つと、思考しているという実感を強く持てる気がしてワクワクする。今まで不変のように思われていた出来事が少し捉えようのあるものに感じられ、自分が何かを変えていけるような気がするのである。

2.　目的・調査概要

　山・村班は、ゼブラグループの所有するコーヒー農地の生態系調査ならびに農地近郊の村人のインタビュー調査を行った（コーヒーの栽培・加工会社に関する詳細は、システム班の「雲南のコーヒー産業とゼブラコーヒーの概要」を参照いただきたい）。当地の生態系や歴史文化に対する理解を深め、そこから地域と会社のあるべき姿を考え、提案した。外部の視点として地域の魅力を伝えて提案することがひとつ、これか

らの調査地域との親交の発端として相互理解を深めることがもうひとつの目的である。

　生態系調査では農民の方と共に農地を歩いて土壌測定や植生記録を行い、村の調査では農家を訪問してインタビューを行った。生態系調査は主として学生が、村の調査は主として教員が行った。山と村、双方の気づきを共有しつつ、調査を進めていった。

　調査において、現地では異国から来た学生・教員に対して心からのおもてなしと最大限の協力をしてくださったことに深く感謝する。

3.　調査地域の概要

3.1　南嶺とは

　調査は南嶺という地域で行った。地図1において太線で囲まれている地域は瀾滄ラフ族自治県であり、南嶺地域はこの自治県の中央に位置する。少数民族であるラフ族唯一の民族自治県であり、南西部はミャンマーと国境を接している。

　今回は標高1,500 〜 1,900 m 地点にあるコーヒー農地とその周辺の生態系に加え、同地域の上芒保村で生活する人々を対象に調査した。

【地図1】瀾滄ラフ族自治県

出典：Google map. 瀾滄ラフ族自治県.

3.2　地理・生態的特徴

南嶺では山地が陸地面積の99％を占め、最高高度は2,516m、最低高度は800mである。冬は寒くなく夏は極端な暑さもない。年間平均気温は20℃、年間降水量は1,600mmである。耕作地の多くは乾燥地で傾斜しており、別の地区では世界遺産に登録されているハニ族の棚田が見られる。

【写真1】 ハニ族の棚田
出典：筆者撮影

年間降水量は多いが降雨が夏の数ヶ月に集中しており、さらに河川の分布が偏っているため乾期と冬期の十分な水利用が難しい。コーヒー栽培には乾季と雨季のあることが重要なため、栽培に適した気候であると言える。しかし他の作物に関しては乾季に様々な工夫を要することが多い。

南嶺には実に多種多様な木々と竹、メロンなどの果物、セロリなどの野菜、キノコや草があり、さらに漢方薬の原料となる植物も豊富である。ヒョウ、ラバ、コウモリなど野生動物も数多く生息する。また、鉛や亜鉛・鉄などの鉱物資源も発見されているそうだが、埋蔵量などの詳しい調査はなされていない。

3.3　歴史・文化的特徴

南嶺の総人口は23,475人であり、その約半数がラフ族である。他にもハニ族やハン族など8つの民族が居住している。それぞれの民族は特有の伝統文化を持つ。人口密度は北海道と同程度で、総人口の97％が農業に従事している。

1970年代の終わり頃から政府による経済政策が推進され、その後20年間を費やした結果として人民一人当たりの収入は10倍以上（およそ60元から800元）となった。1970年代には穀物生産による収入がほとんどであったが、1990年代には林業や畜産業、商業などによるその他の収入の割合が増加し、産業構造の大きな改革がみられた。山岳部である南嶺は、道路建設が経済的発展にとって大きな役割を果たしてきた。これによってさらに物や人の移動が活発になり、貧困撲滅を掲げて労働力を都市部へ移転し、農民の収入を増やす試みが行われた。

上述したように経済発展が推し進められてきたが、現在においても農家一人当たりの収入は625元未満であり、現金収入が少ないと同時に現金に頼らない生活を営んでいることが見て取れる。

4.　調査の詳細と結果

4.1　生態系調査

　ゼブラグループの所有する南嶺のコーヒー農地の土について主に調査を行った。さらにコーヒー農地周辺の動植物を観察した。

4.1.1　コーヒー農地の土壌調査

　調査の目的はコーヒー農地の土壌の状態について知ることである。

　調査項目

① コーヒーの木から 30 cm の地点と 100 cm の地点における、地中の水分含有量

② コーヒーの木から 30 cm の地点と 100 cm の地点における、地中の pH 値

③ コーヒーの木から 30 cm の地点と 100 cm の地点における、地中の温度

④ 調査した地点の土壌の海抜 0m を基準とした高度

⑤ 周囲の様子

　調査方法

　標高 1,700 ～ 1,900 m のコーヒー農地において、コーヒーの木をランダムにいくつか選択し、次の手法を用いて測定した。

　①～③:「デジタル土壌酸度計 A 地温・水分・照度測定機能付」(シンワ測定株式会社) を用いて測定。使用方法は取扱説明書に従った。

　④:スマートフォンアプリの "iphone 7" を用いて測定。

　⑤:スマートフォンを用いて周囲の様子をカメラで撮影。

　結果

1.　土壌水分

　コーヒーの幹から 30 cm、100 cm の距離でそれぞれ土壌水分率を測定し、比較した (図 1 を参照)。横軸の数字は、それぞれ異なる測定地点の番号である。縦軸は土壌水分率である。18 地点について測定を行なった。

　実際の水分量との換算表は表 1 の通りである。ここで土壌水分とは、水を含む土壌の重量に対する水の重量の割合を言う。

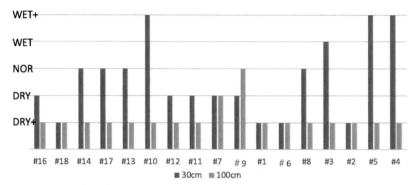

【図1】 コーヒーの木からの距離による土壌水分率の違い

出典：筆者作成

【表1】 土壌水分率の換算表

表示	土壌水分※
DRY+	5％未満
DRY	5 ～ 10％
NOR	10 ～ 20％
WET	20 ～ 30％
WET+	30％超

出典：シンワ測定．デジタル土壌酸度計 A 地温・水分・照度測定
機能付．取扱説明書（2020 年 3 月 22 日）
https://www.shinwasokutei.co.jp/wp/wp-content/uploads/upimg/manual/
manual_72716.pdf

　図1より100 cm 地点において土壌水分が5％未満であることがほとんどであるため、データを取得した場所（サンプルの土壌）により差が見られるのは30 cm 地点で取得したデータだと考え、図2のように高度と 30 cm 地点での土壌水分率との関係性を図示した。

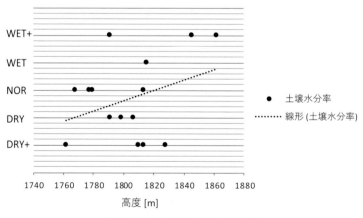

【図2】 土壌水分率と高度の関係性

出典：筆者作成

　高度と土壌水分率にはわずかに正の相関が見られる。高地におけるコーヒーが寒さなどの厳しい環境に適応しており、高品質なコーヒー豆の収穫を考えると、土壌水分率が高い土壌では比較的高品質のコーヒー豆の生産の可能性が推測される。

　次に、コーヒーの生育環境による比較を図3に示す。畑（規則的に棚田に生育するなど、周囲の植生が大きく改変されたことがわかる場所に生育するコーヒーの木のこと）と自然林（畑の基準に合致せず、多種多様な植生が周囲に広がる場所に生育するコーヒーのこと）の2つの生育環境群に分類し、30cm地点における土壌水分率の群の平均値を比較した。

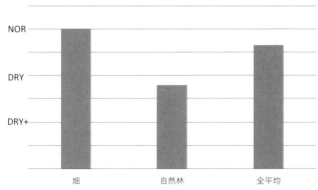

【図3】 生育環境の違いによる土壌水分率の比較

出典：筆者作成

【表2】 図3のt検定結果

	畑	自然林
平均	3	1.8
分散	2	1.2
観測数	12	5
仮説平均との差異		0
自由度		10
t		-1.8817501
P（T<=t）片側		0.04463314
t境界値片側		1.81246112
P（T<=t）両側		9%
t境界値両側		2.22813885

出典：筆者作成

　図3より、土壌水分率は畑において自然林のそれよりも高い数値を示した。表2はt検定を行なった結果であり、サンプル数の少なさから有意水準を10%とした場合に

有意差が確認できた。以上の結果による推測が正しいとすると、現時点において畑に
おける栽培の方がコーヒー栽培に適していることが予想できる。

2.　土壌の pH 値

　2つの異なる計測地点における高度と pH 値の関係を図4に示した。

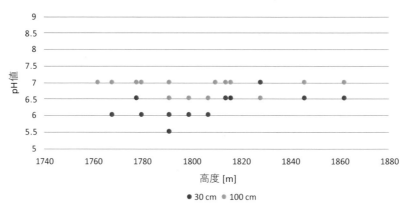

【図4】高度と計測地点による pH 値の比較

出典：筆者作成

　横軸は高度を表し、縦軸は pH 値を表す。pH の酸・アルカリ性は下記の図5から読
み取れる。コーヒー生産にとって適切な pH 値は弱酸性の pH5 〜 6 である。その理由
のひとつは、pH によって利用できる栄養素の種類・量が変化するからである。

オーバー ◀━━━━━━━━━━━━━━━							中性	━━━━━━━━▶ オーバー			
酸性が強くなる							中性	アルカリ性が強くなる			
lo	3.5	4.0	4.5	5.0	5.5	6.0	6.5	7.0	7.5	8.0	8.5	9.0	HH

【図5】pH 値と酸性アルカリ性の対応表

出典：シンワ測定. デジタル土壌酸度計 A 地温・水分・照度測定機能付. 取扱説明書（2020 年 3 月 22 日）
https://www.shinwasokutei.co.jp/wp/wp-content/uploads/upimg/manual/manual_72716.pdf

　図4、5より、100 cm 地点に比べ 30 cm 地点では pH が酸性に偏っていることがわか
る。適正な酸性度または中性に近い数値であり栽培に適した pH と考えて良いのでは
ないだろうか。一般的に、化学肥料を多用した土壌は酸性へ強く傾いてしまう。ここ
では極端な pH が測定されなかったことから、自然に近い状態での栽培や有機肥料の
使用が適切に行われていることがわかる。また、高度が高い場所では 30 cm 地点での
pH がやや中性に分布している。

次に畑と自然林の２つの生育環境による、木から 30 cm 地点で測定された pH との関係について図６に示した。表３は t 検定の結果である。

図６では畑での育成の方が自然林と比較し酸性値をとるように思われる。しかし表３のように t 検定を行い、有意水準を 10% とした場合は有意差が確認されなかった。従って、生育環境による pH に違いは見られないと考えられる。

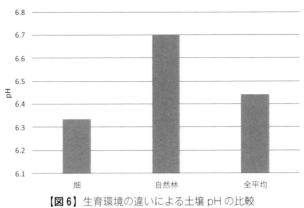

【図6】 生育環境の違いによる土壌 pH の比較

出典：筆者作成

【表3】 図６の t 検定結果

	畑	自然林
平均	6.34615385	6.7
分散	0.18269231	0.2
観測数	13	5
仮説平均との差異	0	
自由度	7	
t	−1.5219611	
P（T＜＝ t）片側	0.08591559	
t 境界値片側	1.89457861	
P（T＜＝ t）両側	17%	
t 境界値両側	2.36462425	

出典：筆者作成

3. 土壌中の温度

２つの異なる計測地点における高度と地中温度の関係について比較した（図７を参照）。

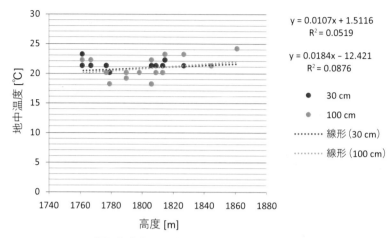

【図7】 高度と計測地点における地中温度の比較

出典：筆者作成

　右上の数式は最少2乗法による回帰分析の結果であり、上が30 cm地点、下が100 cm地点での測定データの結果である。R2乗の値が非常に小さいため、いずれの計測地点においても高度の地中温度の相関性はないと考えられる。

　ある研究によると、高地栽培でないアラビカ品種のコーヒーを栽培する適切な地中温度は24 〜 27℃と考えられている（IBC, 1985）。しかし調査地は高地栽培であるため、低温や土壌の性質によって理想的な地中温度は変動すると予想される。さらに地形や測定時間によって測定データが大きく変化するため、適切な地中温度について評価することはできないことから外気温も同時に測定すべきであった。

　図8では畑と自然林の2つの生育環境による地中温度の群平均を比較し、表4においてその有意差を確認すべくt検定をおこなった。測定データは土壌水分や土壌pHの分析を鑑み、30 cm地点における観測データを用いている。

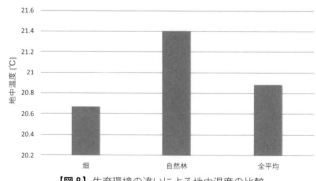

【図8】 生育環境の違いによる地中温度の比較

出典：筆者作成

【表4】図8のt検定結果

	畑	自然林
平均	20.6666667	21.4
分散	2.06060606	0.8
観測数	12	5
仮説平均との差異	0	
自由度	12	
t	−1.273261	
P（T＜＝t）片側	0.11351907	
t境界値片側	1.78228756	
P（T＜＝t）両側	23%	
t境界値両側	2.17881283	

出典：筆者作成

　図8より畑と自然林の地中温度の群平均に差が見られるように思える。しかし表4のようにt検定を行ったところ、有意水準を10％とした際に有意差は確認できなかった。よって、生育環境による地中温度に違いは見られないと考えられる。

考察

　土壌水分率の結果から、高度と土壌水分率の高さの関係性が推定され、それから自然林での栽培に比べ、畑での栽培の方が品質の良いコーヒーが生産できる可能性を示した。畑での栽培では元々の植生を制限したかたちでコーヒー栽培を行っているため、当然の結果かもしれない。しかし生物多様性を犠牲にすることで得られるメリットであることには変わりない。長期的な視点に立って、土壌で生育される植物種が減少することで将来のコーヒー栽培にどのような影響が発生し得るのか、本稿にて数理モデルを用いて考察した。

　pHの測定結果を鑑みると土壌の状態は概ね良好と考えられ、改善点の特定には至らなかった。これには、現在のコーヒー栽培が自然林の中や畑であっても他の複数種の草木とともに栽培されているため、持続的な土壌の利用がなされていると考えられる。

4.1.2　調査地域周辺の生態

　コーヒー農地周辺の植生が非常に豊富であるのがわかった。以下、その一部について紹介したい。

　まず、写真2のように、この地域では養蜂が行われている。採集された蜂蜜をいた

だいたところ、甘さが強烈で本当に美味しかった。

【写真2】ミツバチ

【写真3】キノコ

出典：筆者撮影

　また、調査を行なった山にはキノコも豊富であった。その数は数百種類に及ぶという。写真3のような大きなキノコを見つけたので早速現地で調理していただいた。サイズが大きいので味が薄いのではないかと予想していたが、味はしっかりしており、食感も抜群だった。写真4の通り、バナナなどの果樹も豊富である。この他にも、マンゴーやドラゴンフルーツ、グアバなどが収穫できる。名前がわからない果物もあったがどれも本当に美味しかった。

【写真4】バナナ

【写真5】果実

出典：筆者撮影

　写真5の果物も名前は不明であるが、現地の方から教えていただいた。食べると甘く、中身はオクラのように粘り気があった。山を歩くとこのような実がいたるところで発見された。健康に良い栄養満点の果物であれば、健康食品として流行するかもしれない。

　写真6は、山で採れた食材を用いた料理である。どれも素材の良さが存分に発揮されていた。野菜は味が濃く、歯ごたえもシャキシャキとしており、鶏肉や豚肉は繊維が多く旨味が強かった。ただ料理が辛い場合もあるので、現地に行かれたらまずは少しずつ食べてみることをお勧めしたい。

【写真6】 現地の食材で作られた料理

出典：筆者撮影

4.2　農村におけるインタビュー調査

　南嶺にある上芒保村のご家庭2世帯に聞き取り調査を行った。ここではインタビューから明らかとなった村の概況、2世帯それぞれの調査結果について述べる。使用言語は中国語で、標準語ならびに雲南省の方言を用いた。

上芒保村の概況

　上芒保村は1978年に複数の村の出身者によって建てられた。当初は10〜11世帯で構成されていたという。1980年には開墾者の土地私有化が政府によって認められた。村のインフラ開通について言えば、1996年に水道が、2007年に電気が通った。

　現在は、イ族・ハニ族・ラフ族の3つの民族13〜14世帯が居住している。かつては20世帯ほどであったが村民の転出により戸数が減少した。

　転出の一因として、2018年に行われた政策がある。この政策は瀾滄ラフ族自治県の県庁所在地に建設された集合住宅の購入を推進するものであり、購入を希望すれば経済的な援助が得られる仕組みである。世帯当たり1万元（おおよそ15万円）の負担で住宅購入が可能となったため応募者が殺到し、結果として貧困層が優先居住する措置

が講じられた。

　一方で 2016 年より村における家屋の建設・補修に対して政府の資金援助が行われている。農村の近代化のため中国全土で実施された政策の一環である。レンガとセメントづくりの家屋が、5 ～ 20 万元（おおよそ 75 ～ 300 万円）の自己負担のみで建設できるという。2018 年の移住促進政策とは異なり、農村の活性化や定住を促す働きを持つと考えられる。

聞き取り調査の結果

| 1 世帯目 |

・人物

　李保勤（20 歳、男性）　村の組長と会計を務める　張錦秀の夫

　張錦秀（19 歳、女性）　芒付村出身。2018 年に結婚・移住。李保勤の妻。

　乳児（10 ヶ月・男の子）　李保勤と張錦秀の子供

・聞き取り内容

　家屋は李保勤の両親の家と隣接しており、食事は 2 世帯で取る。

　家計は、村の役職の給料と自家製蒸留酒の収益で賄っている。部分的ではあるが、両親と家計を共有している。

　農作物としてトウモロコシをおよそ 3.7 ha 栽培するほか、白米や紅米などの稲、さらに茶も栽培している。畜産では豚 3 頭、鶏 50 ～ 60 羽飼育している。トウモロコシから作られる自家製蒸留酒の製造は主に冬季に行われる。1 日に 25 ℓ ほど作ることが可能であり、売値は 1 ℓ あたりおおよそ 20 ～ 30 元（おおよそ 300 ～ 450 円）である。村の約半数の世帯においても同様にこのような蒸留酒の製造が行われている。

| 2 世帯目 |

・人物

　劉八妹（50 ～ 60 代・女性）　谷向かいの村出身。1998 年に結婚・移住した。

・聞き取り内容

　夫と暮らしている。息子と娘とは別々に暮らす。息子は 2 児の父としてリャンズ村で暮らしており、娘は 1 児の母として県政府所在地で生活している。このため数ヶ月単位で孫を預かる機会がある。

　家計は土地を借りて行う農業と養蜂・キノコ採集の収益により賄っている。

　農作物は繁忙期をずらしているため多品種の栽培が可能である。具体的には、水稲

は 9 〜 10 月、オレンジは 10 月、トウモロコシは 11 〜 12 月、コーヒーは 12 〜 2 月、茶は 2 〜 3 月に農作業を行う。畜産では豚 1 頭と鶏 100 羽ほど飼育している。このほか養蜂によりハチミツを、さらに森に生えているきのこを採取、販売している。自生しているきのこの販売だけでも、年間で 500 〜 2000 元（おおよそ 7,500 円〜 3 万円）の現金収入になる。

　加齢により身体機能低下を感じることがあるという。村の医療に関して南嶺郷の病院では軽い症状を診ており、重症の場合は県政府所在地の病院へかかる。貧困家庭に対して政府は入院時の費用の 95％を負担する。

　村からは高校卒業者は 1 人も出ていないという。小・中学校を卒業すると村に戻り、バナナ農場や茶摘みなどの出稼ぎをする子供が多い。

考察

　家庭の聞き取り調査から、豊かな山の生態系と関わりを持ち、自給自足の生活を営んでいる様子が見て取れた。しかしながら村を出てしまう人も多い。村人の構成はお年寄りと子供が多いのではないかと思われた。働き盛りの人々にとって、村での生活が金銭的にも魅力的に感じられる働きかけがあると良いのではないか。

5.　提案

5.1　理念「四世同堂」

　調査を終え、「四世同堂」という理念に辿り着いた。これは四世代が同じ家に暮らすことで、中国において幸福な家庭の象徴である。

　村のインタビュー調査で村長宅を訪れたとき、赤ん坊とその両親、曽祖父の姿を見た。祖父母は出稼ぎで村にいないという。中国の地方における共通の課題として、出稼ぎにより家族がともに過ごせないということが挙げられる。村では豊かな森のおかげでほぼ自給自足ができるが、少しでも多くの現金収入を得るため、都市部へ働きに出る必要があるからである。この豊かな村に必要なのは村にいながらにして一定の現金収入を得られる仕組みであることがわかった。これが実現すれば四世代が 1 カ所に集い、暮らすという選択が可能になる。

　以下 2 つの具体策では村民の力が不可欠であり、それによって持続可能な農業と「四世同堂な生活」という選択肢を村の人々に提案したい。

5.2　自然林の多様な植生を活かした多角的な経営

　調査結果より、調査地域の山には豊かで多様な植生が広がっていることがわかった。その豊かな植生の恵みを受け、収穫作物を販売するという提案である。収穫の際には山を良く知る現地の村人を雇用し、理念の達成につなげる。自然林での栽培を前提としているため、作物は少量多品種の販売となる。また、商品供給は一定ではない。

　この提案のメリットは3つある。まず経営的なメリットとして、コーヒーの価格変動リスクが複数の作物販売によって分散され、緩和されることである。

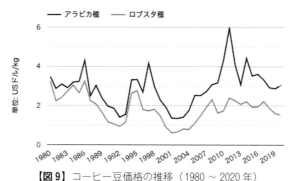

【図9】 コーヒー豆価格の推移（1980 〜 2020 年）
出典：世界経済のネタ帳．コーヒー豆価格の推移（2020 年 3 月 22 日）
https://ecodb.net/commodity/group_coffee.html

　図9からわかるように、コーヒー豆の価格は激しく変化している。このような価格の変動リスクは経営の見通しを立てる妨げになる。どの程度の経済規模で考えるのかという論点は残すが、モノカルチャー経済に見られるように単一作物の栽培は安定性という観点において望ましくない。

　次に、生物多様性の保持というメリットがある。この提案では自然林における多様な植生のひとつ一つが商品としての価値を持つため、すでにある植生を伐採する必要がない。これはこの地域特有の生態系バランスという、人間が生み出すことのできない価値を傷つけることがない。

　最後に、自然林で栽培された高付加価値作物を販売できることである。コーヒーについてはゼブラグループがすでに認証への取り組みを進めているが、他の作物にも適用される。

　反対にこの提案のデメリットは、作物それぞれにおける供給量の不安定さと販路開拓の難しさ、自然林での栽培による人件費のコストの高さである。まず、供給量の不安定さと販路開拓に関しては株式会社坂ノ途中のビジネスモデルが解決案を示してくれる。坂ノ途中は「農業を持続可能なものとする」という理念のもと、作物の供給が

少量で不安定な、多くの農家と契約を結び、ネット通販をはじめとして八百屋経営や小売店への卸売など多様なチャネルを通した販売を行っている。取り扱う作物には環境への負荷の低減や品質の向上・地域への貢献など独自の基準を設けており、その品質の高さや環境意識の高さに共感した顧客の購買に繋がっている。

　人件費の高さは、自然林での栽培によって売値につく付加価値が相殺すると考える。坂ノ途中のビジネスモデルの成功が示すように、環境に配慮し、栽培された野菜に比較的高い対価を払う顧客は一定数存在すると思われる。坂ノ途中は日本の企業ではあるが、中国でもターゲットを絞ることで可能になるだろう。

　以上の理由より、自然林の多様な植生を活かした多角的経営を提案したい。

5.3　高付加価値の天然森林観光と地産地消レストラン経営

　本調査結果から、実際に自然を体感することの大切さを感じた上での提案をしたい。天然の森林観光では顧客が実際に山を歩き、植生の素晴らしさだけでなくその風景の美しさや空気の清々しさを体感する。顧客にとっては心身のリフレッシュとなり、ゼブラグループとしては顧客に自然林における栽培を印象付けることができる。森林観光後は、顧客に山の食材を使ったレストランで食事をしてもらう。顧客は胃袋を掴まれ、自然の素晴らしさを体感するだろう。こうした観光やレストランは、多角的経営という一つ目の提案で複数種の作物を取り扱うこととなる場合に、顧客増加にもつながる。さらに観光ガイドやレストラン運営に現地の村人を雇用することで、理念の達成にもつながる。

　目的は都市在住の富裕層に自然の素晴らしさを感じてもらい、南嶺の山とゼブラグループのファンになってもらうことである。高付加価値とした理由は、顧客数を制限することで観光による自然への負荷を軽減するためである。限られた顧客数でも経営に無理がないよう、高付加価値という条件をつけた。観光地化により地域への人の流入が多くなり、本来の自然が侵されるという事態は日本においても多く見られる。こうした事態は防ぐ必要がある。

　よって、高付加価値の天然森林観光と地産地消レストラン経営の意義を主張したい。

6.　数理モデルによるアプローチ

　先行研究を用いて数理モデルによる考察を行った。先行研究は、Proceedings of the National Academy of Sciences of the United States of America, Vol. 105 の第 30 ページに

掲載されている "Environmental regulation in a network of simulated microbial ecosystems"（2008 年）であり、その著者は Hywel T.P. Williams と Timothy M. Lenton である。

　ゼブラグループは環境への配慮を商品の付加価値として位置付ける考えを持っている。しかし、それとは対照的に自然林であった場所で伐採しており、コーヒーの木に加え相性の良い木など数種類のみの植樹を考えている。経営上、自然林での作業が非効率であり、機械による管理が難しいことがその理由である。これはコーヒーのみを栽培するものではないが、確かに伐採によって本来の生物多様性は失われている。

　意思決定に介入する場合、会社経営は経済活動であるため経済的な視点において生物多様性の意義を提示する必要がある。そこで今回は土壌に着目し、自然林が持つメリットを提示したい。

　調査地域のように多様な生物が生息し、競争とバランスが存在する場を人為的に数種類の作物栽培に限ったとき、植物の生育はどのような影響を受けるのだろうか。この人為的な変化の極端な形が引き起こすこととして、連作障害が挙げられる。連作障害とは、同じ土壌で同じ作物を栽培し続けることにより、植物が生育不良となって収量が減少してしまうことである。連作障害の要因のうち現在でも解決が難しいものは、土壌中に生息する微生物が原因で引き起こされるものである。ここで微生物とは肉眼で見て細かな観察をすることができない小さな生物の総称を言う。

　図10は微生物による連作障害の要因とその仕組みを説明したものである。植物の根は土中の微生物と共生関係にあるため、根の周辺にはその植物特有の微生物が多くいる。同じ植物を栽培し続けると特有の微生物のみが増加してしまう。この特有の微生物の中で、病害を引き起こす微生物も同様に増殖し、植物が攻撃を受けてしまうのである。多種多様な微生物が存在し、激しい競争があれば微生物間のバランスが保たれ、

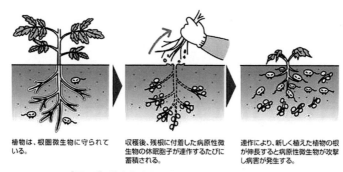

植物は、根圏微生物に守られている。

収穫後、残根に付着した病原性微生物の休眠胞子が連作するたびに蓄積される。

連作により、新しく植えた植物の根が伸長すると病原性微生物が攻撃し病害が発生する。

【図10】微生物を原因とする連作障害の仕組み

出典：YANMAR. 土づくりのススメ──深掘！ 土づくり考
連作障害と土壌微生物（2020 年 3 月 22 日）
https://www.yanmar.com/jp/agri/agri_plus/soil/articles/02.html

特定の有害微生物の増殖は起こりにくい。連作障害は多種多様な土壌微生物の競争とバランスが失われることによって起こるのである。

　植生の人為的な改変を生態系構成要素の減少と考え、その減少が有害微生物の攻撃に対する土壌の強度をどのように変化させるのか、数理モデルを通して考察した。

　連作障害について考えるにあたり、微生物社会のメカニズムを知る必要性があると考えた。先行研究のモデルは微生物の進化に関する知見を得ることを目的としている。

6.1　モデル概要

　図11のような空間を考える。これをフラスコと呼ぶ。フラスコの中には「微生物」、「栄養素」それ以外の全物質を表す「非生物要素」の3種類が存在すると考えられる。同じく図12においてイラストで表現されているのは、微生物、灰色の丸と黒色の丸がそれぞれ栄養素と非生物要素である。

　現実の世界は、何らかのかたちでその周囲と関わりを持っている。湖を例に挙げると、その生態系は湖のみで

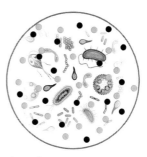

【図11】 フラスコの構成要素
出典：筆者作成

完結しているのではなく、一部が川に流れ出し、さらに海へ向かう。こういった関わりを表現するため、図12のようにフラスコを輪のように連結した。あるフラスコは隣のフラスコと物質を交換し合う。この交換が湖と川や海の関係を表現している。

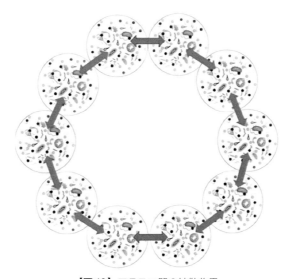

【図12】 フラスコ間の拡散作用
出典：筆者作成

フラスコ内の方程式は以下のように表現される。

$$\frac{dv_i}{dt} = I_i - O_i v_i + E_i + \Psi_i$$

添字の i は栄養素や非生物要素の種類を示す。I はフラスコ内部における v の増加量、O はフラスコ内部における v の減少率である。E は微生物が v に与える影響（例えば栄養素の消費など）を表す。Ψ は別のフラスコとの v の移動量である。I と O はある範囲においてランダムに時間ごとに決定される。

微生物は遺伝子を持つ。これは不変であり、増殖の際の突然変異によって新しい遺伝子を持った個体が現れる。遺伝子の突然変異に指向性はなく、完全にランダムに決定される。微生物の活動が十分であると、複製・増殖し、逆に不十分であるとそれは死滅する。

こうして輪につながったフラスコ内での微生物活動と栄養素、非生物要素との関わりあいによりそれらが時間的に変化していく。さらに一定の間隔ごとに、大きく I の値を変える。これは山火事や大型動物による土壌環境の大きな変化や、病害菌による攻撃を表現している。この撹乱による回復作用が、土壌微生物の連作障害における土壌の抵抗力であると考える。

6.2　結果

図13は撹乱作用を与えずにシミュレーションを行った結果である。これは非生物要素の時間変化を表している。微生物にとっての理想の非生物要素の数値は150と設定している。図中一番下の折れ線はフラスコ間で物質の移動を100%行なった結果であり、他は1%～80%の物質を移動した結果である。なおこの結果においては、微生物種の増殖がうまくモデリングできておらず、撹乱作用に対する回復を再現できていな

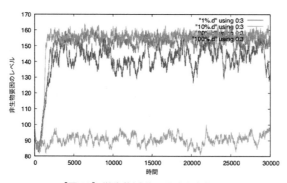

【図13】微生物活動の環境改変作用

出典：筆者作成

いことを断っておく。

　初期の非生物要素の改変は、100%においてのみ実現されなかった。他の物質の移動率では理想的な非生物要素への改変が行われている。また、物質の移動を全く行わない場合（0%の移動）においても100%と同様の結果が確認されている。これは、微生物が非生物要素を変化させるためには物質の中程度の移動が必要であることを表す。先行研究において、最適な移動率は数%であることが確認されている。

　次に、図14のaは、非生物要素の時間変化を表している。これは先行研究による結果である。撹乱は5,000回ごとに与えられている。初期値は100前後であり、微生物が生命活動を通して非生物要素を理想的なレベルに改変している様子が確認できる。さらに5,000回ごとの撹乱によって一時的に150から遠ざかるものの、すぐに150に近づけるような回復作用を持っていることもわかった。

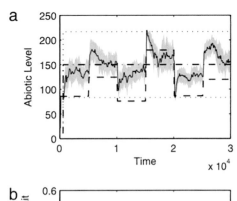

　一方、図14のbは微生物が持つ遺伝子情報を数値化したものの変化を表現している。確かにaのグラフ改変と同様に遺伝子の値が変化していることがわかる。これは微生物が遺伝子の突然変異と自然淘汰の働きによって非生物要素を改変していることの証拠である。

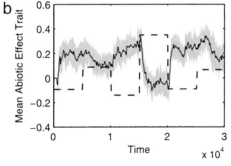

【図14】撹乱に対する回復作用
出典：PNAS. vol.105, no.30 Williams and Lenton. 2008.

　最後に、図14のaに見られるような撹乱に対する回復作用は、輪状につながったフラスコの数が多いほど強いことが先行研究において確認されている。フラスコの数が多いことは生態系の構成要素が多いことを示す。つまり多種多様な植生があり、かつ活発な生存競争のあることが病害菌に対する耐性を高めると言える。

6.3　考察

　自然林の伐採や生育する種を制限することは、土壌が本来持つ病害菌への耐性を弱めてしまう。一度病害菌に侵害された土壌を元に戻すのは難しく、長い期間を要する。

これを予防するためには短期的、経済的利益のみならず、長期的な視点をもって生物多様性をできる限り維持しながら栽培を考えなければならない。

7.　おわりに

　ここで報告した内容は、今後の取り組みの参考になれば幸いである。このような経験ができたのはひとえに関わってくださった皆さんのおかげであり、感謝の気持ちでいっぱいである。また、より多くの学生に今回のようなフィールドスタディの機会が提供され続けることを願っている。

参考文献、サイト

Google map. 瀾滄ラフ族自治県 .
　https://www.google.co.jp/maps/place/ 中華人民共和国＋雲南省＋普ジ市＋瀾滄ラフ族自治県 /@22.6405263,100.0390201,9z/data=!3m1!4b1!4m5!3m4!1s0x372ade6c9c81dfb5:0x65984a395041fda0!8m2!3d22.555904!4d99.931975（参照：2020 年 3 月 22 日）

百度百科 . 南嶺郷（雲南省瀾滄ラフ族自治県南嶺郷）.
　https://baike.baidu.com/item/ 南岭乡 /8049061（参照：2020 年 3 月 22 日）

Williams and Lenton. 2008.
　Proceedings of the National Academy of Sciences of the United States of America. Vol.105. no.30.
　'Environmental regulation in a network of simulated microbial ecosystems'

追加資料

水森百合子

1.　はじめに

　私は卒業論文で持続可能な発展における土壌微生物の役割とそのモデルについて論じた。現地での調査より、土壌の観点からコーヒー生産量と生態系との関係や過剰生産の長期的な危険性について論じたため、今回の報告と密接な関係がある。よって、追加資料としてその数理モデルの詳細を掲載する。これは山・村班の報告において「数理モデルによるアプローチ」項に記載したモデルの詳細である。

2.　モデル詳細

　微生物の自然淘汰に関する理解を深めるため、フラスコモデルを導入する。ここでは、微生物が新陳代謝の副産物のみによって環境を改変していく進化システムを想定している。

　複数のフラスコが輪になって繋がっているモデルを考える。フラスコ内には数種類の液体が含まれ、その組成が微生物集団の環境を規定する。ここで環境とは、微生物以外の全てのフラスコ内構成要素を指す。環境を表現するフラスコ内の液体は、栄養素や非生物要素を表現している。ここで非生物要素とは微生物と栄養素以外の全ての物を指し、具体的には温度やpH、土壌の粒子構造などである。

　i番目の環境状態変数v_iの時間変化は以下の方程式で記述される。I_iとO_iはフラスコ内部で発生するv_iの流入量と流出率を表し、E_iは微生物活動がv_iへ及ぼす影響を、Ψ_iはフラスコ間のv_iの移動量を表現する。iは全部で$N+A$個あり、栄養素がN個と非生物要素がA個である。

$$\frac{dv_i}{dt} = I_i - O_i v_i + E_i + \Psi_i$$

　I_iとO_iは以下のような幅を持って各時刻においてランダムな値が与えられる。

$$I_N = 0 \sim 150 \left(\frac{units}{timestep} \right) \quad I_A = 10 \sim 20 \left(\frac{units}{timestep} \right)$$

$$O_N = 0.01 \sim 0.25 \left(\frac{percentage}{timestep} \right) \quad O_A = 0.1 \sim 0.25 \left(\frac{units}{timestep} \right)$$

　栄養素と非生物要素、バイオマス量がフラスコ間を移動し拡散作用をもたらす。M がある微生物種 i のフラスコ内の存在量を表し、R_D がタイムステップ毎に一つのフラスコから他のフラスコへ移動する体積の割合（拡散率）であるとすると、拡散作用は下記の方程式で表現される。ここで添字 i はフラスコの番号、添字 j は微生物種の番号である。

$$\Psi_{i,j} = \Delta v_{i,j} = -R_D v_{i,j} + \frac{R_D}{2}\, v_{i,j-1} + \frac{R_D}{2}\, v_{i,j+1}$$

$$\Delta M_j = -R_D M_j + \frac{R_D}{2}\, M_{j-1} + \frac{R_D}{2}\, M_{j+1}$$

　これらの式から分かるように、拡散作用は両隣のフラスコとのみ行われる。しかし計算を繰り返すことで複数フラスコの輪全体に作用する。

　$E_{ni} = E_i$（$n=1 \sim N$）, $E_{ai} = E_{N+i}$（$a = 1 \sim A$）として、E_{ni} は微生物活動の栄養素環境への影響を、E_{ai} は微生物活動の非生物要素への影響を表す。

　E_{ni} は微生物全体によって環境から消費される栄養素 i の総量 C_i^{pop} と、微生物全体が消費した栄養素が排泄物という形で環境に返される栄養素 i の総量 X_i^{pop} からなっている。

$$E_{ni} = -C_i^{pop} + X_i^{pop}$$

　C_i^{pop} は微生物 j が実際に使用した栄養素の消費量 C_j^{act} と微生物 j が栄養素 i を消費する割合の λ_{ij} によって表現される。λ_{ij} は遺伝子によって決定され種によって固有の $0 \sim 1$ の範囲の値をもち、i についての総和が 1 になるという拘束条件を持つ。

$$\sum_{i=1}^{N} \lambda_{ij} = 1 \ (for \ all \ j)$$

$$C_i^{pop} = \sum_{j}^{living} \lambda_{ij}\, C_j^{act}$$

　X_i^{pop} は微生物 j が実際に使用した栄養素の消費量 C_j^{act} と微生物 j が栄養素 i を排泄物として環境に返還する割合 μ_{ij}、全ての微生物種に対して一律に定められた消費栄養素のバイオマスへの変換効率 θ で表現される。$(1 - \theta)$ は消費栄養素のうちバイオマスに変換されずに排泄物として環境に返還される割合を表す。μ_{ij} は遺伝子によって決定され種によって固有の $0 \sim 1$ の範囲の値をもち、i についての総和が 1 になるという拘束条件を持つ。

$$\sum_{i=1}^{N} \mu_{ij} = 1 \ (\text{for all } j)$$

$$X_i^{pop} = \sum_{j}^{living} (1-\theta)\, \mu_{ij}\, C_j^{act}$$

C_j^{act} は、代謝の程度によって決定されるある微生物種 j の栄養素の最大消費率 C_j^{max} にフラスコ内に存在する栄養素量による制限 w_{ij} をかけて導かれる。以降、w_{ij} による制限を栄養制限と呼ぶ。

$$C_j^{act} = \prod_{i=1}^{N} w_{ij}$$

w_{ij} は微生物が欲する栄養素の量がフラスコ内に存在する栄養素の量を上回った時に 1 よりも小さな値をとり、微生物が実際に消費する栄養素の量を少なくする。

$$w_{0j} = 1 \ (\text{for all } j)$$

$$w_{ij} = \begin{cases} \min\left(1, \dfrac{n_i}{D_i}\right) & \lambda_{ij} > 0 \\ 1 & \lambda_{ij} = 0 \end{cases}$$

$w_{0j} = 1$ は栄養素の 0 番目は存在しないため栄養制限が働かないことを表す。$\lambda_{ij} = 0$ は遺伝子によって、ある微生物種 j がある栄養素 i を利用しないことが決定されているため栄養制限は働かず、この場合も $w_{ij} = 1$ となる。n_i はフラスコ内に存在する栄養素 i の量である。D_i は全ての微生物の栄養素 i に対する需要であり下記の式で表現される。

$$D_i = \sum_{j}^{living} \left(\lambda_{ij} C_j^{max} \prod_{k=0}^{i-1} w_{kj}\right)$$

栄養素 i についての需要を考えるとき、栄養素 $i-1$ までの全ての栄養制限が加味される。本来は全ての栄養素の制限を加味するべきであるように思えるが、$i-1$ までとしているのは微生物が必要とする栄養素の優先順位を表すためである。

微生物の代謝レベルによって決定される C_j^{max} は、全ての微生物種に対して一律に定められた理想的な環境レベル a^{opt} と現在の環境レベル a_i との差異によって表現される。ここで、C^{max} は全ての微生物種に対して一律に設定された、活性が最大の場合の栄養素の消費率である。今回の計算では $C^{max} = 10$ とした。この値は栄養素の初期の存在量とのバランスで適切に決定されるべきである。τ は微生物の代謝における非生物環境の影響の度合いを表す。

$$C_j^{max} = \psi_j C^{max}$$

$$\psi_j = e^{-(\tau \rho j)^2}$$

$$\rho_j = \sqrt{\sum_{i=1}^{A} (a_i - a^{opt})^2}$$

　現在の環境が理想的な環境と同じであれば微生物の活性は最大となり、理想的な環境から離れれば離れるほど微生物の活性は低下して栄養素の消費量が減少する。

　微生物活動の非生物要素への影響は微生物のバイオマス量の変化率によって決定されると考える。

$$E_{ai} = \sum_{j}^{living} \frac{dB_j}{dt} \alpha_{ij}$$

　α_{ij} はある微生物種 j の i 番目の非生物要素への影響度合いを表し、遺伝子によって決定され種によって固有の -1 ～ 1 の範囲の値を持つ。$\frac{dB_j}{dt}$ はバイオマス量の変化率を表し、下記の方程式で決定される。

$$\frac{dB_j}{dt} = \theta C_j^{act} - \gamma$$

　既出である C_j^{act} は微生物 j が実際に使用した栄養素の消費量を、θ は消費した栄養素のうちでバイオマスに変換される割合であり全ての微生物種で共通である。γ は代謝の非効率性や細胞の維持のために栄養素が使用される量を表す。これを設定することで、栄養素の再生利用は有限であることを示す。

　各種の微生物はそれに固有の遺伝子を有する。既出の遺伝子情報は、μ, α, λ である。より一般的には、$a^{opt} = 150$ と一律に設定した理想的な環境レベルは各微生物によって異なるべきであるのでこれを β とすると、微生物は一種あたり $2N + 2A$ 個の遺伝子情報を有する（μ, λ は N 種の栄養素に関する、α, β は A 種の非生物要素に関する遺伝子情報を有するため）。これらの遺伝子情報は全てランダムに設定される。

　一つの微生物種が利用する栄養素について μ, λ をそれぞれ全種類足し上げたとき、1 をとるという拘束条件を持つ。これは μ, λ がその微生物種の最大栄養素消費量を栄養素の種類ごとに割合という形で配分しているためである。α, β にこのような拘束条件がないのは、実際の物質量の分配を表していないことが理由である。

　α はランダムに -1 ～ 1 の範囲の値が与えられる。β は同様に -1 ～ 1 の範囲の値が与えられたのち、別に設定された β_{min} ～ β_{max} の範囲に写像される。μ, λ に関して、3 種

の栄養素がある場合、消費の遺伝子情報が（-0.4, 0.7, 0.1）でそれが栄養素として環境に排出されることに関する遺伝子情報が（0.5, -0.2, 0.9）とランダムに与えられたとすると、消費の絶対値から排出の絶対値を除いて（0.1, 0.5, -0.8）を作る。次にこの並びのうちで正の部分を栄養素消費として、負の部分を栄養素の排出として考えてそれぞれを 1 で規格化する。よって、$\lambda=$（0, 1, 0）, $\mu=$（$\frac{1}{9}$, 0, $\frac{8}{9}$）という数値が導かれる。

バイオマスの値がある一定値 T_R を上回るとその微生物は複製して同じ遺伝子を持つ個体を生成し、バイオマスの半分量を分け与える。ただしある確率 P_{mut} で、複製された個体の遺伝子に突然変異が起きて全く新しい遺伝子情報が付与される。バイオマスの値がある一定値 T_D を下回るとその微生物は死滅してフラスコから除かれる。さらに各 timestep においては、P_D の確率で捕食や老化などの理由で微生物種が死滅する。

シミュレーションにおいては(1)の時間発展微分方程式をオイラー法を用いて解いた。各 timestep において、まずはフラスコ内部の栄養素・非生物要素の自然な流入が付与され、続いて微生物の代謝活動・死滅・生成が順に行われる。その後フラスコ内部の自然な流出が起き、最後にフラスコ間の物質の拡散移動が行われる。フラスコ内部の流入と流出は複数のフラスコで共通であり、timestep ごとに乱数で与えられる。この操作は 3 万回行われ、500 回目で各フラスコにバイオマス量が 100 の 10 種の微生物が付与される。各フラスコの微生物種（その遺伝子情報）はそれぞれ異なっている。5000 回ごとにフラスコ内部の自然な流入が大きく変化して、外部からの撹乱を表現する。突然変異の確率は $P_{mut}=1$％であり、複製の閾値は $T_R=120$、死滅の閾値は $T_D=50$ である。

なお、各パラメータの値は以下の表の通りである。

パラメータ	値	説明
N	2	栄養素の種類の数
A	1	非生物要素の種類の数
T_R	120	微生物が複製する閾値（微生物個体あたり）
T_D	50	微生物が死滅する閾値（微生物個体あたり）
P_{mut}	0.01	微生物が複製するときに遺伝子が変異する確率
P_D	0.002	微生物の自然死の割合（タイムステップごと）
γ	1	微生物個体の維持コスト（タイムステップごと）
θ	0.6	消費した栄養素がバイオマスとなる変換効率
C_{max}	10	最大の栄養素消費率（微生物個体あたり・タイムステップごと）
τ	0.02	微生物の代謝における非生物環境の影響の度合い
F	10	輪につながったフラスコの個数
R_D	1％	フラスコ間の拡散率（タイムステップごと・単位体積あたり）
a_{opt}	150	非生物環境の理想的なレベル

「地域共生型企業を目指して
─人材育成とシステム構築の提案より ─」

大阪大学 システム班

‥‥‥‥ 王しょうい、黒田早織、柴垣志保、千賀遥、宮ノ腰陽菜

1. はじめに ……………………………………………… 黒田早織

2. 目的・調査方法 ……………………………………… 宮ノ腰陽菜

3. 雲南のコーヒー産業とゼブラコーヒーの概要 …… 王しょうい

4. 調査結果 ………………… 王しょうい、千賀遥、宮ノ腰陽菜

5. 問題点 ……………………………………… 王しょうい、千賀遥

6. 提案

　6.1　インターン生の育成プログラム ……………… 王しょうい

　6.2　業務・データのシステム化 ……………………… 柴垣志保

　　6.2.1　仕事の簡易化

　　6.2.2　データ管理の効率化

7. おわりに ……………………………… 黒田早織、宮ノ腰陽菜

地域共生型企業を目指して
─ 人材育成とシステム構築の提案より ─

大阪大学 システム班：王しょうい、黒田早織、柴垣志保、千賀遥、宮ノ腰陽菜

1.　はじめに

　「读万卷书、行万里路」という中国の慣用表現がある。勝手ながらこれは筆者の生き方を表している言葉だと思っており、将来名刺に印刷したいくらい気に入っている。和訳すると「万巻の書を読み、万里のみちを行く」、要するにたくさん勉強し、たくさん色んなところ行く、というような意味だ。至極単純な行為かもしれないが、私はその時間があらゆる行為の中で一番楽しく、「ああ、私、生きてる…！」と、身体の底から湧き上がる生命力の横溢を感じる。私にとって未知の土地に行きさえすれば（そして日頃から知的好奇心の赴くまま十分に勉強していれば）、こんな気持ちは日本全国、世界各国、どこに行っても味わえる。しかし私は少しでも時間ができるといつも決まって中国行きを選択してしまう。

　中国は生涯をかけても理解が難しい国だと思う。つまり、一生涯「读万卷书、行万里路」ができる。掘っても、掘っても、新しい一面が発見されるため、何度行っても全く飽きない。しかし言い換えれば、知っても、知っても、捉えきれないということでもある。故にいつも中国で未知のものに遭遇するたび、私のテンションは爆発的に上がりながら少し下がる。今までにもチャンスはあったのにたくさん見逃してきたものがあるのだろうと。他にもまだ出会っていないものがたくさんあるのだろうと、焦ってしまう。そして、新たなものの出現により、それまでに私なりに積み上げた「中国観」を再びひっくり返さなければならなくなる。途方に暮れ、自身の無力感に苛まれる。

　今回の調査でもそうだった。新しい発見があり、とてつもない高揚感を覚え、皆それぞれが未熟な中国観をさらにアップデートさせた。ゆえに本報告書も、広大で多様な中国の一端である雲南の、さらに一端の孟連に関する記述であるに過ぎない。現地で見聞きし、感じたことがそのまま中国の理解につながるわけではない。だが一方で、雲南の辺境を知らずして中国を知ることができるわけでもない。中国を知るとは、巨

大なパズルのピースを一個一個自分で集めては埋めていくような途方もない作業なのである。本報告書が読者の中国パズルの1ピースとなることを願う。

2. 目的・調査方法

　今回の調査の目的は、孟連のコーヒー栽培・加工会社「ゼブラコーヒー」における、組織・人材に関する実態調査とその改善のための提案を行うことである。これは与えられた目的でもあるが、私たちシステム班にとっては、ゼブラグループの人々と一緒に過ごすことで彼らのことが好きになり、心から彼らの力になりたいと思った結果の目的であった。

　今回の調査方法は、主にインタビュー、農場見学、工場見学を採用した。調査結果より資料作成を通して現状を「見える化」し、問題を指摘し、それに対する解決策を提案するというのが本稿の流れである。

　調査において、突然の要望をしたにもかかわらず、私たちの調査に快く協力してくれたゼブラグループの皆様に改めて心から感謝申し上げる。

3. 雲南のコーヒー産業とゼブラコーヒーの概要

　中国雲南省では12万ヘクタールもの農地でコーヒーが栽培されている。生産量は約13.9万トンで、中国のコーヒー総生産面積と総生産量のそれぞれで95％以上を占めている。特にプーアル市が主要産地の一つであり、雲南省での総生産面積と総生産量の50％を占める。またこのことから、プーアル市はコーヒー貿易の主要な物流エリアにもなっている。雲南省には多様な少数民族が暮らすことから、コーヒー栽培の従事者が様々な民族で構成されていることも特徴のひとつである。

　ゼブラコーヒーは2017年10月に、ゼブラグループとして創立された。コーヒーの植え付けや収穫、豆の初期加工、貿易等を行っている会社である。南嶺、東崗、臨滄の3か所の農地を所有している。雲南省のコーヒー栽培地としては最も高度が高く、また収穫されるコーヒーは高品質であるため、2018年3月には雲南省生豆コンペティションで第2位を獲得している。

4. 調査結果

　インタビュー、農場見学、工場見学などの調査結果を説明する。

　まず、ゼブラコーヒーがどのような組織体制を採用しているのか、図を用いて説明する。ゼブラコーヒーの組織図①では、オフィスと農地ごとに、役職とその担当者の名前を記した（図1）。ゼブラコーヒーの組織図②では、社員や農民の間でどのような指示体系が成立しているかを記した（図2）。

　インタビューに協力していただいたのは、曾さん（副社長兼技術顧問兼販売部長）、明さん（総務）、王さん（倉庫管理）、プーアル大学のインターン生、農地で働く農民である（図1および図2を参照）。

　曾さんは、ゼブラコーヒーにおけるコーヒー豆栽培の責任者であり、その年にどの種類の豆をどれくらい生産するのかや、豆の焙煎具合などについて決める。また、インターン生の在籍期間は学生指導に力を入れている。11月に開催されるサンプル大会には代理商が中国各地からやって来るため、ゼブラコーヒーのコーヒーの品質と味を披露し、営業する。

　明さんはゼブラコーヒーのスタッフである。コーヒー豆の在庫管理から備品の発注、人材募集、従業員の福利厚生手配など、幅広い業務を担当しており、年間を通してとても忙しい。

プーアル娜山納水旅行開発有限責任公司組織図
公司責任者
グループ会長：阿欣
社長：孫爽
副社長、技術顧問、販売部長：曾昭文

オフィススタッフ	生産地①瀾滄県東崗鎮改新村	生産地②瀾滄県南嶺
財務部長：周翔	責任者：曾昭文	責任者：曾昭文
経理：左志珍	工場長：曾昭文	工場長：曾昭文
出納：郭婭妮	技術員：王美聡	技術員：詹瓊
総務：明丽萍	記録員：杨宇	記録員：詹瓊
倉庫管理：王仙美	晒豆工（※）：臨時農民10人・インターン生3人	晒豆工：臨時農民5人
事務員：罗婷婷		
販売員：王美聡、詹瓊		
技術員：杨宇		

※晒豆工...コーヒー豆を天日干しする作業を担う農民

【図1】 ゼブラコーヒーの組織図①

出典：千賀作成

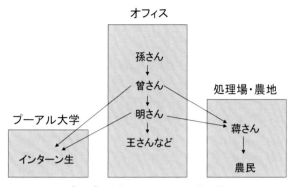

【図2】 ゼブラコーヒーの組織図②

出典：千賀作成

　ゼブラコーヒーでは数名のインターン生を10月末〜4月に受け入れている。インターン生は、プーアル大学の農学部や茶学部の学生であり、大学教授を通してインターンの紹介を受ける。曾さんと共に行動し、コーヒー栽培や管理者として仕事につき直接指導を受ける。昨年からインターンを継続している3人が、次年度は3つある倉庫の管理者となる予定である。

　ゼブラコーヒーでは、11月〜4月にコーヒーの木の栽培、収穫、加工が行われる。各過程は農民が行い、ゼブラコーヒーのスタッフやインターン生が管理する。コーヒー豆の栽培、収穫、加工の時期や、それに関わるスタッフの仕事に関しては、図3に記した。

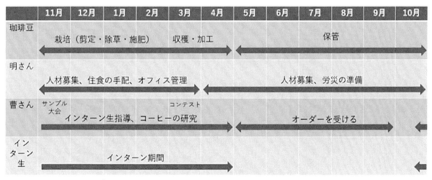

【図3】 ゼブラコーヒーにおける年間スケジュール

出典：王作成

　ゼブラコーヒーの豆は品質によって商業豆とより高品質の精品豆の2つに分けられている。商業豆は比較的安価で取引され、商業用に使われる豆である。一方精品豆は、少量しか生産できず、味や品質に最もこだわったスペシャルコーヒーであり、高値で

取引される。ゼブラコーヒーの農地は、商業豆と精品豆の両方を栽培する南嶺、商業豆を栽培する東崗と臨滄の3か所にある。

　また、コーヒーチェリーからコーヒー豆を取り出すための加工場は、東崗、臨滄、麻栗河の3か所にある。

　農地と施設の場所に関しては、図4，5に記した。

　次にコーヒーチェリーからコーヒー豆を取り出すための加工方法について説明する。コーヒーチェリーは図6のような構造になっている。一番外側は外果皮と呼ばれる皮であり、その内側が果肉である。向かい合う豆の部分を取り巻くのが粘液質であり、ミューシレージとも呼ばれる。そして少し厚めの皮であるパーチメント（内果皮）、さ

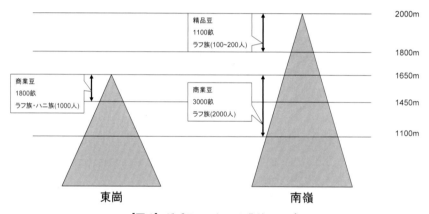

【図4】 ゼブラコーヒーの農地マップ

出典：千賀作成

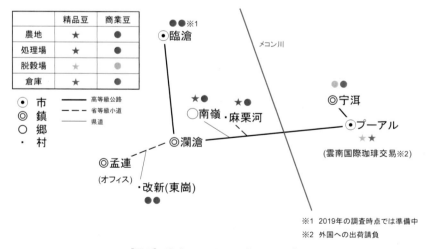

【図5】 ゼブラコーヒーの施設マップ

出典：千賀作成

らに薄い皮であるシルバースキン（銀皮）、
そして一番内側にあるのがコーヒー豆とな
る生豆である。

　コーヒー豆はこの生豆の部分のみが使わ
れるが、生豆に到達するまでの加工方法が
4種類ある。その4種類とは、ナチュラル、
ハニー、ウォッシュド、セミウォッシュド
である。これらの処理方法の違いによって、
コーヒーの味や風味に差が生じる。

　まず初めにすべての加工法で共通する工
程を説明する。図7に示すように、採取し

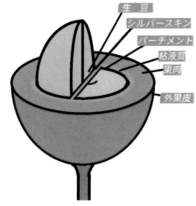

【図6】コーヒーチェリーの構造
出典：True Vine

たコーヒーチェリーを洗い、比重選別を行う。比重選別というのは、貯水槽の中で比
重によって異物や未熟なチェリーを取り除く工程である。次に発酵槽で発酵させ、pH
や糖度を計測する。ここまでが共通の工程である。

　ナチュラルは、最もシンプルな加工法である。糖度計測後、天日干しにして乾燥さ
せ、そのあと脱穀機で脱穀すると完成する。ハニーは、糖度計測後、外果皮を機械で
取り除き、果肉の状態にする。その状態で天日干しにし、その後はナチュラルと同じ
ように脱穀する。ウォッシュドは、外果皮を取り除くまではハニーと同じであるが、
その後もう一度水につけて発酵させ、その後乾燥、脱穀という流れになる。セミウォッ
シュドはほとんどウォッシュドと同じであるが、外果皮除去後の発酵方法が、密封状
態で水に浸さないという点が異なっている（図7を参照）。

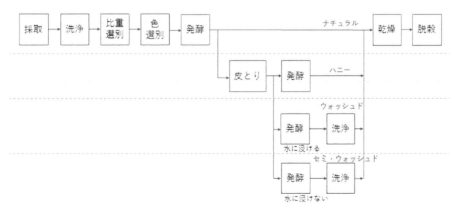

【図7】コーヒーの加工方法

出典：宮ノ腰作成

5. 問題点

　ゼブラコーヒーでインタビュー調査を進めるなかで、ゼブラコーヒーでは連携不足という問題点が浮かび上がってきた。設立からまだ日が浅い会社であるために、統一的なシステムが確立されておらず、各人が目の前の仕事に手一杯で組織全体を意識することが少ないように感じた。そして連携不足という状況を招く大きな要因として、人的要因と技術的要因の2つがあると分析した。以下、その2つの要因を詳しく述べる。

㈦　管理者側と農民側を繋ぐ中間管理職の不足

　曾さんは技術顧問としてゼブラコーヒー運営の大きな権限を持つ。経営者であり資金調達を行う阿欣さんと今後の方針等を話し合いつつ、独自にコーヒー豆の品種改良を試みたり、顧客から注文を取ったりしている。曾さんはゼブラコーヒーについて先進的なビジョンも持っており、将来的にはコーヒー豆の収穫を農民ではなく AI 機能を搭載したロボットに任せることで労働力削減や品質安定に取り組みたいと考えている。さらに、ホテルや商業施設を併設した農園として開放し、都市住民をターゲットにした娯楽施設にするというビジョンも掲げている。

　一方、農民は生活のためにコーヒー栽培をしている。1年中コーヒー豆を生産しているわけではなく、他の作物の生産に従事しつつ、季節になるとコーヒー豆の収穫等を行う。高地でゼブラコーヒー農園のコーヒー豆を栽培している村の村長に話を聞いた際、彼が知るゼブラコーヒーの人間は蒋さんのみで、ゼブラコーヒーについて詳しく知っているわけではなく蒋さんからの指示をもとにコーヒー豆を栽培しているに過ぎないということが明らかになった。農民にはゼブラコーヒーの経営方針やビジョンが共有されておらず、コーヒー栽培は彼らの収入源のひとつに過ぎないのである。

　現在、そんな管理側の曾さんと農民側を繋ぐのは中間管理職の明さんと蒋さんであるが、2人の立場に偏りがあり、両者の事情を理解している人材はいなかった。明さんは、次章で述べるように仕事量が多く、曾さんから指示を受けたりオフィスで業務をこなしたりすることがほとんどであるため、彼女の視点はゼブラコーヒーの管理側に偏っているといえる。また、蒋さんはコーヒー豆を栽培する農民と同じ郷の出身者であり、農民の信頼も厚く、彼らに近い視点を持っている。

　さらに、曾さんはインターン生をゼブラコーヒーの管理職にするため学生指導に力を入れている。実際、昨年からインターンを継続している3人は今年から3つの倉庫

の管理を任されることになる。しかし、彼1人が指導に当たっているため、インターン生には彼の考え方やビジョンのみが伝えられており、コーヒー豆を実際に栽培する農民の事情や生活について学ぶ機会はない。

　すなわち、管理側と農民側双方の状況を把握し、俯瞰して判断を下せるような中間管理職がいないと言える。現状が続けば、双方の利害や意見が対立し、トラブルが発生し、地域に根差さない経営になり得る。

　昨年実際に発生した、両者の連携不足によるトラブルを事例にみてみよう。当時コーヒー豆が20t余っており、蒋さんが曾さんに売るという合意が口頭でなされていた。しかし、曾さんが顧客から10tの受注を受けたときに蒋さんに確認すると1tしか余っていないという。蒋さんが他の自分の顧客に先に売ってしまったのである。蒋さんは曾さんとの約束を覚えてはいたが、現金収入がすぐに必要な農民のために、そうしたのであった。この問題には工場の権利や契約などの当時の状況も影響するが、お互いが相手の事情を理解しておらず、連携不足だったことが原因の1つだと言える。

　以上のように、ゼブラコーヒーでは管理側と農民側双方の状況を把握し、俯瞰して判断を下せるような中間管理職を育てる仕組みが必要である。

㈡　統一的なデータ管理システムの不足

　コーヒー豆の在庫や発注管理に関して、技術顧問の曾さんが顧客からの注文内容を、wechat（メッセージングアプリ）を用いて、在庫管理係の王さんに伝えていた。王さんは紙に出納記録を記し、発送すると、紙に書いたデータをパソコンに入力し、その内容をまたwechatを用いて、曾さんに報告する。王さんは出納管理だけではなく、倉庫で保管するコーヒー豆の管理（在庫状況、温度、湿度、ピッキングなど）も担っているが、その記録もすべて紙に書いた上でパソコンにも入力している。このように、コーヒー豆の在庫・発注データは一度紙に記され、パソコンに記録された後、wechatを用いて共有されるために、データの記録や共有にミスが生じやすく、時間を要する。この問題を解消し、効率的でミスの少ないデータ管理を可能にするシステムが必要である。

　コーヒー豆の在庫・発注状況だけでなく、業務に必要な備品の在庫・発注状況も共有されておらず、いつ、何が、どれくらいの量必要なのかということや在庫の有無が不透明であり、全体に共有されていない。よって、誰かがその品物を必要とした時になって初めて在庫不足が発覚するため、コーヒー豆の注文を断ったり、備品を慌てて買い付けたりする問題が生じる。この問題を解消するには、コーヒー豆や備品の在庫・

発注状況を全員が常に確認し、前もって必要なものを必要な量だけ備えることを可能にするシステムが求められる。

　以前にもパソコンによる管理システムを導入したことがあったが、パソコン操作に不慣れなスタッフが多く、作業効率が向上しなかったため、そのシステムは現在使われていないという。パソコンによるシステムではなく、どんな人でも日常的に使用するスマートフォンを用いた、より簡単で操作しやすい管理システムを導入する必要がある。

　以上の人材育成に関する問題、システムに関する問題を解決することによって、全スタッフの情報共有、協働が可能になり、ゼブラコーヒー全体の業務が統制され、効率化される。さらに、オフィススタッフやインターン生、農民に至るまで、ゼブラコーヒーに関わる人々の協働意識も高まり、組織全体としての目標を共有することも可能になる。

6.　提案

　以上の問題を解決し、ゼブラコーヒー全体が組織としてより統一性を維持するため、次の2つのことが提案される。

6.1　インターン生の育成プログラム

　前述したように、ゼブラコーヒーでは雲南省の大学でお茶について学ぶ学生をインターン生として受け入れ、教育している。その背景には、ゼブラコーヒーへの就職につなげ、会社の中核を担う人材を育てたい思いがある。現在は栽培、加工過程、流通に関して曾さん自らが指導を行っているが、彼1人ではなく各工程の責任者に対しても指導を担わせる。そして、研修をもとにインターン生が各工程でのマニュアルを作成し、そのマニュアルをもとに後輩インターン生の指導を先輩インターン生が行うという新しいインターン生育成プログラムを提案する。

　このプログラムを実施することで、会社の様々なスタッフがインターン生と接し、教育に携わるようになるため、指導者の負担軽減が期待できるのはもちろん、インターン生は現場について多角的な視点で学び、栽培から経営までより広い視野を持った人材に成長することができる。

6.2　業務・データのシステム化

6.2.1　仕事の簡易化

　現在、中間管理職をはじめとする社員の業務の簡易化を図ることで、農民の労働を増やす一方、中間管理職の負担軽減を提案する。具体例として倉庫内の豆の管理を袋の色分けと QR コードの導入によって行う。

　まず、袋の色分けについて説明する。ナチュラル、ウォッシュド、ハニーなどの加工法別に豆を入れる袋を色分けし、さらに豆を補完しておく倉庫内も色別に区画分けすることで、袋の色と一致する色の場所へ豆の入った袋を収納する。色分けは視覚的にはっきりと認識できるため、文字が読めない農民でも、ミスを犯すことなく豆の仕分けができる。また、農民のミスが発生しにくくなれば、中間管理職の社員の管理範囲も最小限に抑えられる。

　次に QR コードについてである。倉庫に豆を収納後、豆を仕分けた日時、処理方法、処理場などの情報が入力された QR コードを豆の袋に貼る。そして、その QR コードをスマートフォン等で読み取り、読み取った情報を会社のマザーコンピュータに送信する。QR コードは中国において非常に浸透していることから、農民でもこの作業を担うことができるため、中間管理職の社員の負担も軽減される。また、豆を商品として販売する際にも、前述と同様の内容の QR コードを商品に貼り、QR コードを読み取ってマザーコンピュータに送信する。これにより、生産や販売による在庫状況はマザーコンピュータに集約され、一括して正確な在庫管理が行えるようになるため、中間管理職の社員の業務も簡略化される（図 8 を参照）。

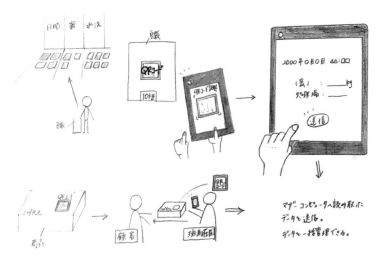

【図8】 色分けと QR コードによる業務簡易化

出典：柴垣作成

6.2.2　データ管理の効率化

　個別管理されている在庫やオーダー、顧客に関するデータを一括管理することのできるアプリを導入することで、より効率よくデータ管理を行うことを提案する。具体的なアプリの内容について説明すると、まずアプリのはじめに在庫と顧客の管理項目を設ける。在庫管理の項目を選択すると、前述の方法によって管理された在庫に関する情報が確認できる。一方、顧客管理の項目を選択すると、これまでの顧客を検索する項目、新たな取引による顧客情報入力の項目に分かれる。取引年月、取引先、取引量などの情報を一括管理できるようになる（図9を参照）。

【図9】アプリの例

出典：柴垣作成

　このように顧客と在庫の情報の両方をひとつのアプリで管理すれば、紙とメッセージアプリの往復に比べ、より簡単に管理を行えるだけでなく、受注時などのミスも減らすことができる（図10を参照）。

　また、今回はあまり触れなかったが、wechatと紙の両方を使用することによる報告の煩雑化の問題は、コーヒー加工段階でも見られた。将来的にはアプリの機能を拡大し、コーヒーの加工段階におけるデータのやり取りにおいてもひとつのシステムで完結できるようにし、業務の効率化を図りたい（図11を参照）。

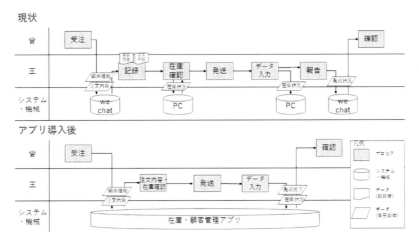

【図10】現状とアプリ導入後の業務フロー比較（受注〜発送）
出典：宮ノ腰作成

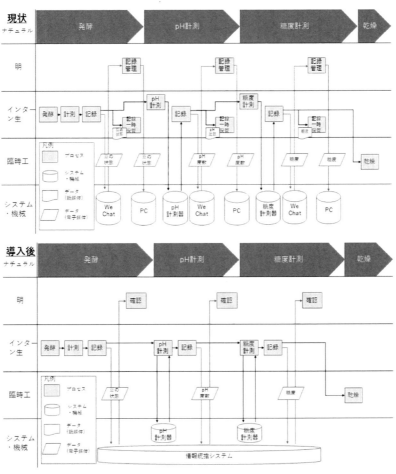

【図11】現状とシステム導入後を比較したコーヒー加工フロー（発酵〜乾燥、ナチュラル）
出典：宮ノ腰作成

7. おわりに

　今回の提案は、事前に得られる情報も少なく、現地で調査する時間も限られたなか、現地の人々のご協力を得つつ、私たちが調査して分かった現状から考えたものである。そのため、調査不足や実際の状態を十分に反映できていない場合もあり得る。しかしこれは、5人の班員が知恵を出し合って実現した提案であり、現地でお世話になった方々への感謝と恩返しという想いから生まれたものであった。

　現段階ではあくまで提案であり、その実践は今後フィールドスタディに参加する後輩たちが行う予定である。実際に運用してみると様々な問題も出てくるだろうが、この提案を踏み台にし、私たちがやってきたことをさらに発展させてくれると期待したい。

　最後にこのような機会を設けてくださった思先生、上須先生、共にはしゃいでくださった阿部さん、現地で私たちの活動をサポートし、歓待してくださった阿欣会長、孫社長、曾副社長、明さん、陳さん、王さん、テンホァンの皆さんに心からの感謝と親しみを込めて、この稿を締めくくりたい。本当にありがとうございました。

参考サイト
株式会社チモトコーヒー.「コーヒーが出来るまで」（参照：2020 年 3 月 23 日）
　　http://www.chimoto-coffee.co.jp/nurture.html
True Vine.「コーヒーチェリーの構造と 5 種類のコーヒーの精製加工方法〜コーヒー豆イラスト付き」（参照：2020 年 3 月 19 日）
　　http://hanna.main.jp/coffeeprocessingmethods/

「プアール型循環モデルの構築をめざして」

大阪大学 松脂班

········岸本康希、難波晶子、徳満有香

はじめに

第1部　廃棄物の利用 ···················· 難波晶子、徳満有香
　1.　松脂について
　2.　背景
　3.　目的
　4.　調査内容
　5.　まとめと今後の課題

第2部　ビニール袋の処理 ····························· 岸本康希
　1.　事前調査
　　1.1　現状課題と調査目的
　　1.2　事前調査の結果
　2.　現地調査
　　2.1　松脂加工工場見学
　　　2.1.1　目的
　　　2.1.2　ビニール袋がゴミになるまで
　　　2.1.3　ビニール袋の基本情報
　　2.2　インタビュー調査
　　　2.2.1　目的
　　　2.2.2　インタビュー結果
　　2.3　廃プラ洗浄脱水機導入の提案
　　　2.3.1　提案に至った背景
　　　2.3.2　廃プラ洗浄脱水機の基本情報
　　　2.3.3　廃プラ洗浄脱水機導入に関する経済的合理性
　　　2.3.4　廃プラ洗浄脱水機のさらなる使用用途の展望
　3.　今後の課題
　4.　事後調査
　5.　まとめ

報告⑦

プアール型循環モデルの構築をめざして

大阪大学 松脂班：岸本康希、難波晶子、徳満有香

はじめに

　本プログラムでは、学年・専攻を超えて学生同士が集い、約2週間という短い期間で異国の地の課題解決に向けフィールドスタディを行った。松脂班は、普通に生活していれば、旅行に行くこともなければ、多くの日本人はその地の名前も知らぬプーアル市という中国雲南省に位置する自然豊かな農村で環境問題の解決に取り組んだ。はじめにチームが発表されたとき、正直不安しかなかった。背景も全く違う文系と理系の混合4人組でどうやってひとつの環境問題に取り組めばいいのか。そもそも、定量的なデータをかき集め、研究をしている学生からすると、事前学習の時点で先生から口頭で聞く調査地の情報も十分ではなかった。そんな中、独自の直感に従ってクリエイティブなアイデアを出し続ける学生、自分自身の過去の経験や持っている知恵を存分に発揮する学生、言語を巧みに操り、人を引き込む学生に支えられた。面接時に先生が何度か言っていた「多様性」という言葉の本当の意味を、この報告書を通して少しでも多くの人に感じていただきたい。

第1部　廃棄物の利用

1. 松脂について

　松脂とは松（特にクロマツ）の幹から分泌する樹脂であり、特有の芳香がある。合成ゴム用乳化剤、粘接着剤用樹脂、製紙用薬品や医薬品など、その用途は多岐に渡る。また、ヴァイオリン等の擦弦楽器の弓に塗布したり、野球やハンドボールで手に塗るといった応用例があるが、これは松脂の粘性が高いことを利用して摩擦係数を大きくすることで音量を大きくしたり、ボールが滑らないようにするといった役割を果たす。

　本調査にご協力いただいた中国雲南省の森盛林化株式会社は、松の木から採取され

た松脂を回収、加工し、ガムロジンとテレピン油を商品として出荷していた。

2.　背景

　中国雲南省に位置する森盛林化株式会社では、図1のように松脂の採取を行っている。樹木の樹幹表面に刃物で斜めに溝を切り込み、流出してきた松脂を容器（ビニール袋）に収集する。しかし、写真1のように採取したビニール袋の中には、樹木の表面から剥がした樹皮をはじめとする木屑が混じる。発生する木屑は1年あたり平均約200～300トンで、処理されないまま工場内に放置されている（写真2を参照）。これらの処分方法として、一般の廃棄物と同じような焼却処分が考えられるが、その場合は二酸化炭素など有害物質が排出されてしまう。そこで、これらの廃棄物である木屑を環境に配慮した方法で、地域内で利用すべく現地調査を行った。

【図1】 松脂の採取方法
出典：筆者作成

【写真1】 木屑が混入した松脂

【写真2】 蓄積した木屑
出典：筆者撮影

3.　目的

　本チームは松脂工場において廃棄物となる木屑を利用することによって、松脂産業の新たなビジネスの創出、さらにはプアール市の循環型モデルの構築を目指し調査を行った。

4.　調査内容

　雲南省は中国南西部に位置する山の多い地域で、その標高の違いから、驚くべき生

物多用性を擁している。山がちの地形による制約の中、生物の多様性を生活の一部として取り込んできた。そこで、雲南省の主な産業である農業に注目し、木屑を肥料及び土壌改良剤、虫よけ材として用いることを考えた。

　まず、木屑から肥料を生成した。写真3のようにドラム缶の中に木屑と鳥の糞や工場内の畑から採取した草木を約7：3の割合で混ぜ合わせて密閉し、発酵が進むよう温度の比較的高い（約15℃）日向に置いた。約3か月後を完成の目途とし、帰国後も工場のスタッフの方々に時折撹拌するよう依頼した。

　また、工場の一角に過去のフィールドスタディ参加者が設置した炭化装置から木炭及び木酢液を生成した（写真4を参照）。木炭は土壌改良材としての効果、木酢液は虫よけ材の効果がある。そこで、同プーアル市内にある省珈琲農園という珈琲農園で試験的にそれらを投入してもらうよう交渉した。ヒアリングから省珈琲農園では、虫よけ被害が深刻化していることを知った。化学肥料を用いた虫よけ対策は法律によって規制されており、木の幹を蝕まれる例が絶えないとのことだった。今回の訪問では、最適な投入時期を考慮し、土壌改良剤のみコーヒーの木2本の周辺に投入した（写真5を参照）。

【写真3】肥料づくり　　　【写真4】炭化装置から木酢液　　　【写真5】コーヒー農園に肥料
　　　　　　　　　　　　　　　を取り出す様子　　　　　　　　　を投入する様子

出典：筆者撮影

　また、木屑や、松脂回収袋に残った松脂を新しい製品として生まれ変わらせるという視点から、「廃棄物のプロダクト利用」に取り組んだ。

　まず着目したのは、木屑に残っている松の良い香りである。自然と人間の生活が切り離されている都市では特に木の香りや、森林浴が人気を集めている。松のリラックス効果、自然を感じられる香りを利用して、アロマキャンドル、石鹸、サシェの3つを提案した。アロマキャンドルは、結婚式など華やかな場での需要も高く、香りだけ

ではなく、見た目も重要視されることから、自然の豊かな雲南の自然から、花や葉を採集し、キャンドルに埋め込むことにした。

　松脂は、油に吸着する性質のあることから、石鹸に加工されることもある。そこで、回収袋に残った松脂を集め、石鹸に加工することも可能だろうが、性質の変化等も考慮する必要があり、簡単に製品化することはできないと考えた。それでも、松の香りの石鹸の需要は高いと予想され、石鹸加工に取り組む価値は十分にあると思われる。

　サシェに関しては、袋に残った松脂は乾燥しており、かつ強い松脂の香りをまとっている。その粉になった松脂を袋に入れることで簡単にサシェとして利用することができる。松脂の粉を入れる袋をどれだけ魅力的なものにするかが重要な課題だった。

　次に、日本で江戸時代に松の皮を食していたという事例を参考に、食品として利用できないか検討した（レファレンス協同データベースを参照）。松の皮はほとんど利用されず、付加価値を与えることができるのなら、サイドビジネスとして重要な役割を担うだろう。江戸時代に東北で松の皮を２日煮てお餅に混ぜ込んで食べる、松川餅があった。ポリフェノールが豊富に含まれているなど、栄養分も高いことで評価され、現在も販売されている。この情報を参考に、松の皮を採集し、重曹を混ぜた水で長時間煮て（写真６を参照）、エキスを抽出すると赤茶色の綺麗な色になった（写真７を参照）。これを、雲南の材料で餅とクッキーに加工したが、香ばしさが加わり、風味が良くなった。実際に現地の方に試食していただいたが、パッケージを工夫して、美しくラッピングすることで、ロンドンやパリ、東京などの大都市で豊かな自然をPRした商品販売も可能だと考えている。

【写真6】松の皮を水で長時間煮込む様子　　【写真7】松の皮から採取されたエキス

出典：筆者撮影

5．まとめと今後の課題

　本プログラムでは、松脂工業の廃棄物である木屑を対象に環境に配慮した利活用法について検討した。私たちは農業利用とプロダクト利用の2つの方法を提案した。その結果、現地の方々から採用し、推進していきたいとの声をいただいた。一方でいくつか課題がある。

　まず、肥料や土壌改良剤として、木屑を農業利用する場合、今回は木屑とその他の有機物の比率は重視しなかったが、珈琲農園の土壌の性質に適合した比率を考えなければならないことである。そのためには対象となる土壌のpH値など調査を行わなければならない。また、それらの調査をもとに木屑の原料比が判明すれば、工場での木屑の発生量と原料としての必要量との比較を行い、農業利用の持続可能性について考慮しなければならない。

　さらに、サシェ、クッキーとしてプロダクト加工する場合、パッケージの工夫が重要になる。サイドビジネスとして確立するためには、安定した品質管理、安全性の管理、配送等の考慮すべき点が複数挙げられるため、長期的な視野で事業を進めていく必要がある。偶然にも、モンゴルフィールドスタディに参加した学生も動物性油脂から石鹸、キャンドルへの加工を提案していた。雲南班とモンゴル班のコラボレーションも積極的に考えたい。プロダクトとして加工する過程で、サステイナブルな方法であるのか、自然と共存できているかについてその都度検討する必要がある。例えばキャンドルへの加工過程で、雲南の自然資源を採取したが、キャンドルを大量生産するために、採取し過ぎてしまったら、自然環境にマイナスの影響を与えてしまう。数量限定の生産にする等、自然と人間が共存できる加工過程を提案しなければならない。

第2部　ビニール袋の処理

1.　事前調査

1.1　現状課題と調査目的

　第1部で述べた松脂採取の過程では、使用されるビニール袋に松脂が付着しており、不純物の割合が高いためリサイクルできない。また前年度までの調査結果から、周辺に焼却施設がなく、埋め立てるしか処理方法がないことが分かっていた。しかし、それでは環境負荷があまりに大きく、望ましい処理方法ではないため、ビニール袋の処理は進んでいない。その結果、工場内に放置されたビニール袋は山のように堆積し、ゴミ山が日々大きくなっている（写真8を参照）。松脂の付着したビニール袋の処理は急務であるため、今回の調査目的を最適なビニール袋の処理方法の提案とした。

【写真8】工場内に放置されたビニール袋
出典：筆者撮影

1.2　事前調査の結果

　過去のフィールドスタディの結果から、リサイクル可能な水準まで洗浄されたビニール袋はリサイクル会社が買い取ることがわかっていた。ビニール袋洗浄に関する設備費やランニングコストによっては経済的合理性も期待できることから、リサイクル可能な水準までビニール袋を洗浄できないか考えた。

　洗浄方法として、松脂には水溶性の成分は少ないため、アルコールや酢酸、エーテルで溶解が有効であるが、廃液を処理しなければならないため、ライフサイクルとして結果的に環境負荷が大きくなるといった問題が生じており、化学薬品を利用しない

洗浄方法が望ましい。日本での廃プラスチックの処理方法を調べると、食品工場など
では、廃プラ洗浄脱水機を用いてプラスチック類を洗浄し、リサイクルしていること
が分かった。そこで、株式会社モキ製作所のご協力の下、前年度雲南省で回収した松
脂付きビニール袋のサンプルの洗浄テストを実施した。この廃プラ洗浄脱水機は水を
用い、水圧と遠心力を用いて汚れを落とすため排水は松脂と水のみとなり、排水によ
る環境負荷の恐れはない。洗浄テストの結果は図2、表1に示した通りであるが、サ
ンプルに付着した松脂は乾燥しており、洗浄しやすい状態であった。

　この試行実験の結果、松脂が乾燥した状態では廃プラ洗浄脱水機で十分に洗浄でき
ることが明らかとなった。このテストに用いた廃プラ洗浄脱水機（型式：M755D）は
75万元の初期投資を要するため、導入においては経済的合理性も考慮しなければなら
ない。事前学習の段階では、実際の液状の松脂が付着したビニール袋がなかったため、
現地調査において、人の手で洗浄する可能性も含めた洗浄効果の検証を行うことにし
た。

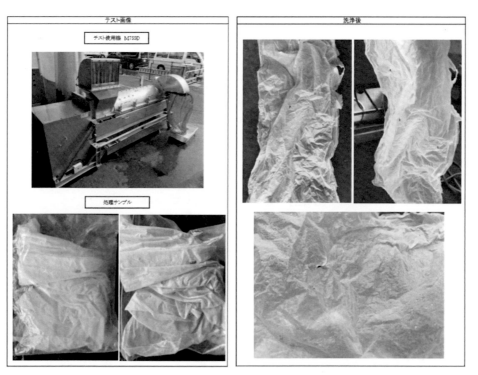

【図2】乾燥状態で松脂が付着したビニール袋の廃プラ洗浄脱水機による試行洗浄の結果

出典：モキ製作所　藤牧様撮影

【表1】乾燥状態で松脂が付着したビニール袋の廃プラ洗浄脱水機による試行洗浄の結果

実施年月日	2019 / 9 / 12	天気概況	晴れ	立会い	モキ製作所
実験場所	屋外	サンプル	松脂付着プラ		藤牧様
実 験 概 要	\<実験機仕様\>				実験方法
	廃プラ洗浄脱水機		本体内追加		廃プラを 洗浄脱水
	型式 パンチ径 回転速度 モーター 電動機 インペラ 制御	M755D 9φ/9φ 80 Hz 7.5 kw 200 V 三相 FB×4, ウレタン×8 INV	本体内追加	逆整流板×4 ジャマ板×3 山板×1	
	1.　サンプル物性確認 　　汚れビニール　松脂付着（乾燥状態） 2.　テスト結果 　　綺麗に洗浄出来ている（ただし、水分は若干付着の状態となる） 　　少量のため、綺麗になったが大量に処理した場合は別途検証が必要と考えられる。				
	結果判定	洗浄脱水可			

出典：モキ製作所　藤牧様作成

2.　現地調査

2.1　松脂加工工場見学

2.1.1　目的

　現地に適合したビニール袋の処理方法を提案するには、当然ながら現地の状況を把握する必要がある。そこで、工場内の作業過程でどのようにビニール袋がゴミとして排出されるか知ること、また調査対象であるビニール袋の情報（材質、大きさ、汚れ具合など）を得ることにした。

2.1.2　ビニール袋がゴミになるまで

　採取された松脂はビニール袋に入れられた状態で工場まで運ばれ、工場労働者がナイフを用いてビニール袋を開封することで取り出される（写真9を参照）。その後、ローラーのような機械を用いて松脂をビニール袋から絞りとる。堆積しているビニール袋はこの状態のものであり、多くの松脂が付着していた。

【写真9】松脂搬出の様子

出典：筆者撮影

2.1.3　ビニール袋の基本情報

　工場内で観察されたビニール袋は大別して3種類（①トラックの汚れ防止用シート、②松脂運搬用内袋、③松脂運搬用外袋）に分けられる。松脂は重量が大きいため、運搬するビニール袋を②、③の2重構造にすることで必要な強度を保持している。以下にそれぞれの袋の情報を記す。

①　トラックの汚れ防止用シート（写真10-①）

　松脂を運搬する際にトラックの荷台に敷くことで、松脂がトラックに付着するのを防ぐ。色は赤と青、サイズは6.33m×6.28mであり、②・③のビニール袋に比べ大きい。これを何枚も貼り合わせて荷台を覆うように用いられている。表面の凹凸は少なく、少し光沢がみられる。

②　松脂運搬用内袋（写真10-②）

　松脂を運搬するのに用いられる二重構造のビニール袋のうち内側にあるものであり、松脂が詰められている。一般的な45Lごみ袋のような外観をしており、色は半透明、サイズは小さいもので1m×1m、大きいもので1m×2mある。

③　松脂運搬用外袋（写真10-③）

　松脂を運搬するのに用いられる二重構造のビニール袋のうち外側にあるものであり、内袋を補強する。色は黄色、縦方向と横方向のビニール繊維を織り込んだ粗い織物のような構造をしている。

①トラックの汚れ防止用シート

②松脂運搬用内袋

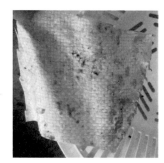
③松脂運搬用外袋

【写真 10】 工場内で見られた 3 種のビニール袋

出典：筆者撮影

2.2　インタビュー調査

2.2.1　目的

　ごみとして排出されるビニール袋の量やリサイクル業者のビニール袋の買取価格などを森盛林化株式会社の李社長に伺い、廃プラ洗浄脱水機導入時の収支計算を行うための情報を得ることにした。

2.2.2　インタビュー結果

　以下、李氏へのインタビューより得られた結果を示す。

- 1 年間に使用しているビニール袋の量は 31.2t であり、森盛林化株式会社工場近隣にある他の 3 工場についても同じ量のビニール袋を使用している。
- リサイクル業者によるビニール袋の買取価格は 1,000 元 /t である。
- 洗浄後の排水（松脂＋水）は商品として使用することができる。
- 松脂 1t から得られる利益は 7,000 元である。
- 乾燥し、固化した松脂は劣化しているため商品として取り扱うのは現状では難しい。
- ビニール袋 1 枚は 200 g である。

　以上より、洗浄後の排水を商品として利用することは可能であるが、乾燥・固化した松脂は商品にならないため、少しでも松脂が劣化しないうちに洗浄するのが望ましい。

2.3　廃プラ洗浄脱水機導入の提案

2.3.1　提案に至った背景

　現地にて簡易な手動の遠心分離機と 60℃ 程度の水を用い、ビニール袋の洗浄を行っ

たが、乾燥松脂、液状松脂が付着した両場合において洗浄効果は見られなかった。加えて、ビニール袋の量が膨大であるため、多くの人的資源を要することから、人の手による洗浄は困難であると結論付けた。そこで、最も実現可能な処理方法として、廃プラ洗浄脱水機を用いることを提案した。

2.3.2　廃プラ洗浄脱水機の基本情報

導入を提案した廃プラ洗浄脱水機（型式：M755D）の画像を写真11に示す。化学薬品を利用せずに汚れを落とすため、環境負荷はない。投入口に汚れたビニール袋を投入し、洗浄されたものは排出口から出てくる（図3を参照）。導入における初期費用は75万元であり、消耗品であるベアリング・Vベルトの交換回数を多く見積もって半年に1回とすれば、維持費は半年で6千元となる。

【写真11】 今回提案した廃プラ洗浄脱水機

出典：筆者撮影

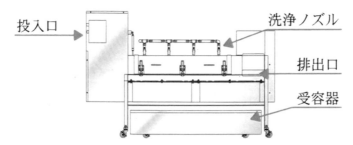

【図3】 廃プラ洗浄脱水機の役割別内部構造

出典：モキ製作所ホームページ（2020年3月10日）
https://www.moki-ss.co.jp/waste-plastic-washing-machine

2.3.3　廃プラ洗浄脱水機導入に関する経済的合理性

　前述した情報を用い、3年間の収支を計算した。ただし、松脂の付着したビニール袋の重量が400ｇであったことと、ひとつのビニール袋は200ｇであることから、1枚のビニール袋に付着した松脂は200ｇとし、近隣の松脂加工会社3社から排出されるビニール袋を回収し、洗浄することを想定し試算した。その結果をグラフにしたものが図4である。

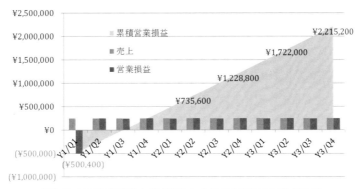

【図4】廃プラ洗浄脱水機を導入した際の3年間の損益グラフ

出典：筆者作成

　これは概算であるため、正確な利益とは断言できないが、グラフは概ねの傾向を表していると考えられ、森盛林化株式会社における器機導入の経済的合理性はあると言える。

2.3.4　廃プラ洗浄脱水機のさらなる使用用途の展望

　今回の調査では松脂加工会社で廃棄されるビニール袋のみを対象としたが、モキ製作所の廃プラ洗浄脱水機が日本で主に食品加工工場で使用されていることから、松脂加工会社以外にも廃棄されたビニール袋を洗浄する需要はあると考えられる。そこで、他業界からの廃プラ洗浄も請け負うことで、利益の増大が見込め、何より環境負荷低減に貢献できると考える。

3．今後の課題

　本調査では松脂が付着したビニール袋の洗浄をテーマにしたが、将来的には再利用可能な容器を用いる等、何らかの方法で松脂採取の過程で使い捨てのビニール袋を使う必要性のない仕組みを提案したい。しかし、容器を再利用する場合、松脂を運び出

してから再利用するまでの間に容器内部に付着した松脂が劣化し、次回以降採取される松脂の品質の低下が危惧されている。そこで、現在は容器の再利用がどれほど品質に影響を及ぼすのか調査するため、ペットボトルを用いた実験がなされている。その結果はまだ出ていないが、引き続き調査を行い、さらなる解決策を提案したい。

4.　事後調査

　現地調査では、機械を用いた洗浄を提案したが、廃プラ洗浄脱水機の洗浄能力を検証するため、現地から持ち帰った松脂付着ビニール袋を対象として、再度モキ製作所に洗浄テストのご協力をお願いした。2.1.2項で、ビニール袋がゴミになるまでの過程を記したが、この洗浄テストでは、記した過程のうち、松脂をローラーで絞り取る前のものをサンプル①、後のものをサンプル②とした2種類の状態のビニール袋を用いてテストを行った。なお、付着した松脂は乾燥しておらず、サンプルは工場内での実物に近いものであった。そのテスト結果を図5ならびに表2に示す。また、画像にはないが、写真10-③に示したビニール袋の洗浄テストも行ったが、その織物構造の

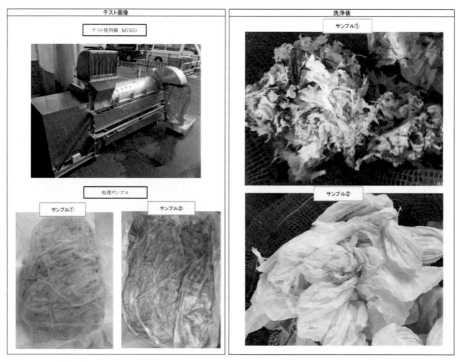

【図5】未乾燥松脂付着ビニール袋の廃プラ洗浄脱水機による試行洗浄の結果

出典：モキ製作所　藤牧様撮影

複雑性により、洗浄は困難であるという結果が得られた。

　この結果から、松脂が乾燥していない状態においても洗浄は可能だが、少しベタつきが残ることが分かる。現地のリサイクル業者にリサイクル可能である判断をしてもらう必要があるが、仮に洗浄が十分でないと判断された場合は、1回目の洗浄後に乾燥させ、再度廃プラ洗浄脱水機で洗浄することで松脂の有効活用とビニール袋の再資源化を検討している。

【表2】 未乾燥松脂付着ビニール袋の廃プラ洗浄脱水機による試行洗浄の結果

実施年月日	2020 / 1 / 24	天気概況	曇り	立会い	モキ製作所 藤牧様
実験場所	屋外	サンプル	松脂付着プラ		
実験概要	実験機仕様				実験方法
	廃プラ洗浄脱水機		本体内追加		廃プラを洗浄脱水
	型式 パンチ径 回転速度 モーター 電動機 インペラ 制御	M755D 7φ/7φ/7φ 80 Hz 7.5 kw 200 V 三相 FB×12 INV	本体内追加	逆整流板×4 ジャマ板×5 山板×1	
	1. サンプル物性確認 　　汚れビニール　松脂付着（粘性あり状態、未乾燥） 2. テスト結果 　　サンプル1洗浄後…ベタつきが残る 　　サンプル2洗浄後…多少汚れが落ちたが、ベタつきが残る				
	結果判定	洗浄脱水可			

出典：モキ製作所　藤牧様作成

5.　まとめ

　本調査では、雲南省の松脂加工会社である森盛林化株式会社において問題となっている松脂付着ビニール袋の処理方法の検討を行った。

　現地での視察結果から、松脂採取の過程においてビニール袋がどのようにして廃棄に至るのか示し、工場内にある3種のビニール袋の特徴を明らかにした。また、同社李社長へのインタビュー調査の結果から、日本の株式会社モキ製作所の廃プラ洗浄脱水機を導入した際の経済的合理性を示し、その導入を提案した。フィールドスタディ後には、導入予定の廃プラ洗浄脱水機の洗浄効果を実験によって明らかにした。さらに、廃プラ洗浄脱水機の今後の展望として、他業界での廃プラスチックの洗浄請け負

いを挙げ、最終的には松脂採取の過程でのビニール袋の使用をなくすことを今後の課題とした。

　最後になったが、雲南で出会った全ての方々、調査に協力して下さった株式会社モキ製作所営業部の藤牧様、フィールドスタディに関わる先生や先輩方、共にグループのメンバーとして協力してくれた友人たちに感謝の意を表したい。本当にありがとうございました。

参考サイト

レファレンス協同データベース　レファレンス事例詳細　昔の人は、飢饉の時、松の皮を食べたというが、どんなものか？
　https://crd.ndl.go.jp/reference/modules/d3ndlcrdentry/index.php?page=ref_view&id=1000085291
　（参照：2019 年 5 月 31 日）

雲南フィールドワーク雑記

細貝瑞季

収穫を待つ棚田の稲穂。風を受けて穂が揺れ、太陽の光がきらきらと当たる。

遠い耳のおじいちゃんの日焼けした顔に深く刻まれたしわと土が深く染み込んだ手。

お母さんの腕の中でつやつやした頬を光らせて眠る赤ちゃん。

庭先一面に干されている黄いとうもろこしをついばむ鶏。

豆殻を干しているかごの中でまどろむ猫。

太陽の光をうけてはためく家族の洗濯物。

生き物の密度が濃い森の木漏れ日。

いつの時代のものかわからない遥か昔の光を放つ、点描画のような星々。

目にも耳にもたくさんの素敵な記憶が刻まれていることを、フィールドワークから半年程度経った今、鮮明に思い出す。

特に、今回のフィールドワークの舌の記憶に残っているものが二つある。

ひとつは、ゆでたとうもろこし。今回のフィールドワーク先であるコーヒー農園に向かう道沿いのある村の近くに、都会への集団移住を選んだ村があった。かつてそこに住んでいた人たちはみな都会に移住していったのだが、ある家族は都会から戻ってきて小屋を建てて住んでいた。小屋の前にはとうもろこし畑。電気、水道はない。そこにいたおばちゃんに話を伺ったときに、ゆでたとうもろこしを出してもらった。

調理に使う燃料はすべて薪。電気はないので、トタン屋根と板壁の隙間から差し込んでくる太陽の光が灯りである。夜になると小さなランタンを使うのだろう。壁にかけてあった。土の上にしゃがむようにして座る小さな椅子に腰かける。足元で猫がじゃれている。薪はまだ湿っているのか、燻されている気分になるような煙が立ちのぼる。ゆでたてのとうもろこしは、水分はほとんどなく、皮は厚い。噛み応えがあり、あて

た歯に反発してくる力強さ。水分の多い甘いとうもろこしではなく、穀物としてのとうもろこし。炭水化物の味。大地の味。

　細く差し込む太陽の光に照らされて舞う塵と煙を眺めながら、とうもろこしを噛みしめる。この家族の話す言葉は方言が極めて強く、中国語が堪能な阿部さんも聞き取りは難航した。それでもやはり都会で水や電気にお金を払い、食べ物をお金で買うよりここで暮らす方がよかったということは伝わってきた。

　村として都市への移住を選択した以上、地図上からは村は消えているだろうし、また村に戻ってきたこの家族がどのような扱いになるのか、私は知らない。いまでも住所は都会に残っていることになるのか、あるいは失踪扱いになるのか。

　とうもろこし畑の前にある小屋から 10 分ほど歩いたところに、人々がかつて生活を送っていたエリアがあった。その多くは、取り壊されて廃墟になっていたが、空っぽの家の中にぽつんと放置された生活用品も落ちていた。窓はすべて割れて、屋根はなかった。かつて人々の当たり前の暮らしがあったところは、ハヤトウリやカボチャのつるに覆われた廃墟と化していた。コンクリートが風化して家屋の壁が崩れ去れば、人が住んでいたことも分からなくなるだろう。人間が滅んだ後の世界を彷彿とさせる。とうもろこしをごちそうしてくれたよく日に焼けた小柄なおばちゃんは、明るい笑顔でハヤトウリを両腕で抱えきれないほどどんどん取って手渡してくれた。「今夜料理して食べなさい。おいしいよ」と。

　かつて、他の地域で集団移住した人たちのマンションを訪問したことがある。数ヶ月前にその都市から 100 km ほど離れた山奥の村から一家 5 人で移り住んだ、という若い息子が街で購入したぴかぴかのカラオケセットを誇らしげに見せてくれた。その隣の部屋で、よく日焼けした初老の男性が昼間から目を肘で覆ってベッドに横たわっていた。昼寝だという。

　自給自足の暮らしを営んでいた中で、貧困をなくすという大号令の下、移住を決めて都会で暮らすことになり、若い世代は工事現場や工場で賃金労働者となる。全村移住のパターンだったとしても、新しい移住先でもかつての近隣同士がお隣さんになるとは限らない。年配世代は残りの人生を水牛も、田んぼも、畑もないマンションの一

室で過ごす。

　トウモロコシ畑の小屋と、自然に帰りつつ廃墟を眺めながら、別の地域の集団移住のケースを思い出し、暮らしを知らない為政者が作り出す大きななにか「善」とされる枠組みの中で、手のひらから滑り落ちていく小さな幸せや暮らしがあるのではないか、そんなふうに感じた。

　フィールドワークで出会った、忘れられないもうひとつの味は、自家製の蒸留酒だ。お酒をいただきながら話を聞く。まったりと喉を落ちるお酒は度数が高く、口に含んだときに鼻に抜ける風味が香ばしい。白酒はたびたび飲む機会があったが、これまで飲んだ中で一番飲みやすいお酒だった。

　このお酒をいただいた家庭は、若夫婦（だんなさんは20代前半ながら村の取りまとめ役）とおじいちゃん、おばあちゃん、おばさんが暮らしていた。彼らの暮らす村では、村全体で話し合い、地域に残る家と都市部へ移住する家とで選択が分かれたという。残った家でも、若夫婦は近くの都市に出稼ぎに、おばあちゃんと孫が家で留守番というところもあった。彼の家は、残る選択をした家。「ここがいいのだ」と断言する若者は、決して負け惜しみでも、ここでの暮らしを自分の人生として諦めている訳でもなかった。彼の妻と彼は漢語で話し、おじいちゃんたちは少数民族の言葉で話す。彼自身は、少数民族の言葉は話せないという。スマートフォンを使いこなし、Wechatで友達とやりとりをする。

　彼には小さい息子がいるが、その子が大きくなってもここに住んでほしいか尋ねると「それはこの子が決めること」と話した。これまで日本や東南アジアの田舎で親となった人たちに「子どもはどこで暮らしてほしいか」と聞くと、たいてい「子どもにはこんなところにいないで、学校も病院も仕事もある都会で暮らしてほしい」と話す人が多かったので、彼の返事はより印象的だった。そしてシンプルに、彼の息子が大きくなったときに、また、その先の子どもたちが大きくなるときに、出稼ぎのために都会にでるしかないという選択ができないことがないようにできたらな、と思った。アルコールがほどよく体に巡るのを感じながら、軒先の風が通り過ぎていく心地よい時間だった。

村に通うことができたのはわずか数日だったので断言はできないのだが、印象として コーヒー農園と村民の関係はわりと単純であっさりしていた。たまたま話を聞いた ところがそうだったのか、コーヒー農園には収穫でいけるときに行く、自分の家の作 業で忙しければ行かない。それぞれの家でとうもろこしやオレンジなどの換金作物、 自家消費を主としてお米を作っているので、それらの作業が特になくて余力があれば コーヒー農園へ、という程度だった。

農園の経営者からすれば、コーヒー農園一筋とならない村民は、労働力としてあて にならない「不真面目な」労働者なのかもしれないが、コーヒー農園に依存しすぎな い暮らしは村民にとってもリスク分散のために当然だろう。一方で、コーヒー農園に 頻繁に通い、丁寧に熟した豆を収穫して高品質の製品を生み出すことができる村民も いる、と聞いた。村民自身がどうコーヒー農園と関わるかを選ぶことができるほうが、 柔軟性があってよいのではないだろうか。多くの村民は森へ行き、薪を拾い、きのこ をとり、蜂蜜をとる。同じような感覚でコーヒー農園へ行く。それくらいの距離感が、 関係性を長持ちさせる秘訣かもしれない。

村民にとって、村のまわり全部がコーヒー農園になってしまうことは望ましいこと ではないだろう。頼りにならない村民よりも 24 時間働けてちゃんと熟した実だけを選 んで収穫できるロボットをコーヒー農園に導入する計画もあると聞いた。コーヒー農 園の斜面を縦横無尽に移動できるハイテクロボットが厳選して収穫した豆を使った高 品質のコーヒー、というのはどうにもそそられない。あくまで生活の軸は自分たちの 暮らしである、とするほうが、健康なように感じた。そして、そのような暮らしを選 択できる自然環境があることも。

コーヒー豆も自然の中で育つ農作物であり、村もその環境を構成する要素である。 そこには人の暮らしがあり、畑があり、田んぼがあり、森がある。人がいることが大 切なのであり、暮らしの営みがあることが必要なこと。ロボットにとって代わられる ことなく、彼ら自身で生活を選んでいけるような状況を維持するために、外部者であ る私たちに何か手伝えることがあれば素敵だ。そのうちのひとつは、スチンフ先生が 中心となって立ち上げられた社団法人の活動だろう。ゆるく、それでいて強いつなが り。きっとそれは、世界のどこにいたとしたとしても、私たち次第で作ることができ る。

　半年前には想像もしていなかった新型コロナウイルスの大流行で、さまざまな分断
が進み、疑心暗鬼を生んでいる。既に存在していた断絶が、より可視化されるように
なった。世界の姿は、新型コロナウイルスの流行前と後で大きく変わるともいわれて
いる。個としても集団としてもひとの弱いところが露呈し、ひと同士のつながりを断
ち切ろうとする暴力的な力のほうがより強いときだからこそ、つなぎなおすプロセス
が必要なのではないかと感じている。既存の社会を変えるというよりは、これからの
社会を作っていくという作業に、私自身はどう動いていくことができるのか。一杯の
コーヒーを飲みながら、「国難」という言葉に振り回されず、状況から目を背けず、耳
をそばだて、時間軸を超えたさまざまなものに想いを馳せ、共存していくあり方を探
りたい。そう思っている。

私たちのフィールドスタディ

王しょうい

フィールドスタディの学びや感想を全部書こうと思ったら、キリがない。そこで、ここでは、特に個人的に印象に残ったことをふたつ書こうと思う。

チームについて

我ながら、私たちのシステム班のチームワークはばっちりだったように思う。中国語が得意、論理的に考えるのが得意、アイデアを出すのが得意など、それぞれのメンバーの強みを自然に活かしたワークをして、一人では到底たどり着けないようなディスカッションができた。また、今回のフィールドスタディでは議論以外の部分も大きかった。一緒にご飯を食べる、長距離の移動、現地の人との飲み会など一緒に過ごす時間が多かったが、チームでいると楽しさや感動は何倍にも感じられた。先生不在の班ということで、最初は不安もあったが、アクティブで楽しいチームのみんなと温かい現地の方々のおかげで満足のいくフィールドスタディをすることができた。チームでなら、個人では成し遂げられないようなことができる、ということは、今回のフィールドスタディでの大切な学びのひとつだ。

中国語について

私は日本で生まれ育ったが、中国にルーツを持つ。家で両親が話す中国語を耳にする機会はよくあるが、私ができるのは日常会話レベルだ。今回のフィールドスタディは、先生は同行せず、女子学生5人のみというチームだった。調査はインタビューを中心に進められたため、言語の壁をどう乗り越えるかがひとつの鍵だった。中国語が多少わかる私に期待が寄せられていたのは知っていたが、実際は悲しいほど言語面で頼りにならず、黒田さんにほぼ全ての通訳をしてもらった。数年でネイティブ並みの中国語の能力を身に付けて使いこなす黒田さんを横に、私は情けない気持ちでいっぱいだった。せっかく中国にルーツを持っているという好条件な境遇なのに、そこまで中国語を学ぼうとしてこなかった自分を反省した。今回のフィールドスタディで中国の魅力を知り、中国がさらに好きになったいま、中国にルーツを持っているということにこれまで以上に誇りに思う。そして、今度は中国語でお世話になった人たちに感謝の気持ちを伝えられるよう、中国語の練習に励もうと思う。

ちっぽけな私と広い世界

柴垣志保

　今回、私ははじめて中国という果てしなく大きな国のなかの、雲南という辺境を訪れた。この日本からはるか遠く、縁もゆかりもなかった地で過ごした数日間、毎日のように感じたことは、何て自分はちっぽけで、何て狭い世界のなかで生きてきたのか、ということだった。20年生きてきたなかで、いろいろな本を読み、たくさん教科書で勉強をし、世界共通語の英語だってそれなりに習得した。ニュースだって見るようになった。海外旅行にもいった。自分の中では大人になって、知っていることも増え、見ている世界も生きている世界も広がっている気がしていた。だがこれが完全に自分勝手な思い込みであったということに気付かされたのが、このフィールドワークだった。雲南の文化や歴史についてほとんど何も知らない、そもそも中国語が一切わからない私なんて、日本で大学に通い、いくら専門分野の勉強をしていたとしても何も通用しない、無力でしかない。そう感じた。

　そんな私が無事に、そしてかつてないほどの充実感と達成感とともに日本に帰り、今こうしてこのプロジェクトに携わった者として報告書を書くことができているのは、間違いなく共に雲南へ行った仲間、ありとあらゆる面で支えてくださった先生方、そしてこんな私をも温かく出迎え、本当に尽くしてくださった雲南の人々のおかげである。本当に助けられ、教わってばかりの毎日だった。そして自分という存在の小ささにショックを受けると共に、目にするもの、耳にするもの、口にするもの、触れるものすべてが新鮮で、驚くほどに心が揺れ動き、真の楽しさを感じていた日々であった。

　こんな私から、もし次の参加者へ私なりのアドバイスを送るならば、現地の食べ物をたくさん食べよう、ということである。言葉や知識で何もチームの助けになれない中、ほんの少しでも現地の人々の考えや生き方に近づきたくて、知りたくて、私は振る舞って下さったごはんをたくさん食べた。見たことのないものも何でも食べた。本当によく食べた。（美味しくて箸が止まらなかった、というのもある。）食は生きていくうえでの基本中の基本。だから共に食卓を囲み、同じものを食べることで感じることがきっとある、たとえ言葉が通じなくとも。というのが、食が大好きな（ちょっと都合がよいかもしれない）私の考えである。また何でも興味津々に、美味しそうに食べることは、「私は雲南のことを、みなさんのことを知りたい！　教えて下さい！」と

何とか伝えるための、言葉が話せない私でもできる最大限のコミュニケーション方法になっていたと感じる。だから、ぜひフィールドワークに参加した際には、何でも恐れずたくさん食べて味わってきてほしい。

　最後になってしまったが、このフィールドワークを通して、私は私自身のちっぽけさとこの世界の広大さ、そして、そんな一人のちっぽけな人間が何かを成し遂げようとするとき、それはたとえ他者のためを想ってのことであったとしても、多くの人の協力が必要なのだということを実感することができた。だから本当にこのチャンスを与えて下さった先生方、仲間、雲南の人々に心から感謝し、この経験を私の中に深く刻み込みたい。本当に、ありがとうございました。

システム班女子5人活動記

千賀遥

　今回の雲南フィールドスタディについてコラムを書くにあたり、少々勝手ながら、私は所属したシステム班のことについて主に語りたい。雲南省プーアル市の自然や食事、そして人々の素晴らしさに関しては、言葉を尽くしても書き足りないが、それはほかのメンバーがそれぞれの体験を通じて語ってくれるのに任せようと思う。

　上記のように書きたい理由は、今回の雲南フィールドスタディの班編成にある。このおかげでフィールドスタディは、私にとってある意味では新しく刺激的なものとなった。というのも、今回参加者は3つの班に分かれ、各班は別の地域で活動したのだが、システム班は、女子学生5人だけで数日間調査をすることになったのである。しかも、何が問題かもわかっていない状況で！

　私にとって雲南フィールドスタディに参加するのは2回目であったし、なんならモンゴルフィールドスタディにも2回行った。つまり通算4回目の海外フィールドスタディだったわけであるが、こんな編成は初めてであった。まず不安に思ったのは、言語の問題だ。中国語のできる阿部先生は隣町の山奥で調査、車で1時間はかかる道のりである。思先生に至っては昆明の時点で「グッドラック、バイ」。少なくとも通訳は、中国語専攻の黒田さんとご家庭で中国語を使う王さん、この2人の肩にかかった。さらに、通信面の不安があった。中国では日本のアプリやインターネットは使えない。中国の通信アプリを入れたが、私は日本にいる時点でうまく作動しなかった。ほかの何人かは現地入りしてからうまくいかなくなった。空港で借りていたポケットWi-Fiが生命線であったが、心もとなかった。そして何より、何が課題で、どこがゴールなのかわからないことがわかり、また事前学習も十分にできたとは言えなかったことが、不安に拍車をかけた。現地に向かう前から想定できる不安要素は多くあったが、仮に本当にその不安に陥ったとしても、正しいかどうかわからない自分たちのゴールに向けて、自分たちだけで軌道修正しなければならない、そのことが最大の困難であった。

　そんななか雲南へと向かい、調査が始まった。現地では、準備したことが大いに役立った半面、思ってもみなかった新事実が明らかになったり、先生への報告がうまくいかなかったりとハプニングはあったが、現地の方々が時間を惜しまず私たちに協力してくださったことや、先生方が私たちの好きなように調査できるよう環境を整えて

くださったことで、無事調査を終えることができた。そして、チームのみんなが、現地のことを知ろうと心を開き、何とか目の前の人たちのために提案できることはないかと、あれでもないこれでもないと姦しくも議論を重ねたおかげで、調査の中から私たちなりの目線で課題を抽出し、解決策を提案するに至った。

　今回私たちの班が残した結果は、現地の人々に直接的な利益をもたらすような大きなものでは決してないだろう。しかし、お世話になった方々のために何か考えられることはないかと取り組んだ姿勢と、そうして生まれた提案は、きっと今後何かしらの変化を生むだろうし、私たち自身も、何とか自分たちが主体になってやり遂げた、と誇りに思った。達成感そのものと、達成感こそが何よりも重要だという気づき、この2つが、今回私たちが得られた最も大きな収穫のひとつかもしれない。

　今回のフィールドスタディは私にとって、新しく刺激的で、そして学びの多いものになった。思先生、上須先生、阿部先生がいつも学生のことを考え、現地の方々がいつも惜しみなく協力してくださるおかげであり、班のメンバーが、私を導いてくれたおかげでもある。改めて、フィールドスタディに関わったすべての人に感謝申し上げたい。ありがとうございました。

贈り物

宮ノ腰陽菜

　今年のフィールドスタディは、私にとって思い入れの強いものであった。それもそのはずである。私はモンゴルにも雲南にも行っているのだ。また、すでにフィールドスタディ経験者というのもあり、余裕をもって取り組めたということもある。どうしてフィールドスタディに行くことになったのか、どのように取り組んできたのか、そしてそこからどんなことを学んだのかを、この場を借りて振り返ってみたい。

　今年度が始まってしばらくして、フィールドスタディのメンバーが決まったと聞き、すぐにいつもの飲み場である北千里に飛んでいった。6月22日のことだった。聞いてみると、大学のプログラムとしての枠は埋まったが、私費で同行は可能だということだったので、モンゴルに行くことにした。これが私にとっての初めてのモンゴルであった。

　すでに事前学習が始まっており、また時間の都合上なかなか足並みを揃えることはできず、あるメンバーとは出発前の空港が初対面というほどであった。飛び入りで参加し、またフィールドスタディ中にはうるさいほどに口出ししてしまう私をみんなよく受け入れてくれたと思う。

　モンゴルでの日々は楽しさとおいしさと学びに満ち溢れていて、毎日が充実していた。もちろんモンゴル語はわからないため直接言葉で対話することが叶わない人も多くいたが、言葉を越えた繋がりが日々出来上がっていくのを感じた。これは日本人とモンゴル人だけではなく日本人同士でもそうであったし、二度訪れた雲南でも感じたことであった。特に今回のモンゴルフィールドスタディは、参加する大学も多く多種多様な人が集まったこともあり、それぞれの個性でそれぞれの方法で言葉の壁を乗り越えていく様子を見て、感心したのを覚えている。モンゴルでの最後の夜に、モンゴル国立大学の3人から今回のフィールドスタディで撮った集合写真をプリントしたマグカップをもらったときは、普段は泣かない私の目から思わず涙がこぼれてしまったほどであった。

　次に雲南の話に移るが、実は私はモンゴルに行くまでは雲南に行くつもりは全くなかった。それどころか、両方参加しようとしている千賀さんを見て、卒論もあるのにばかだろうと思っていたのはここだけの秘密である。しかし、モンゴルがあまりに楽

しく、あまりにおいしく、素晴らしい人たちに囲まれてテンションが上がっていたところを、思先生に狙われてしまった。白い柳のキャンプ場の食堂で飲んでいた時（自家発電の電気が落ちても飲んでいた）、思先生から「雲南にも来ないか」と誘われた。思先生の罠にまんまとはまった私は、すぐさま行きますと答え、モンゴルから帰国してすぐに雲南へのフライトチケットをとったのであった。

　さて、雲南に行くことになったぞ、今年の雲南フィールドスタディは何をやるのだろう、と帰国後すぐに情報を集め始めた。恐ろしいことに、雲南に行く一か月前まで、何をするかすら把握していなかったのである。とはいえ、一度行ったことがあるし、事前学習は６月ごろから始まっているから、なんらかの形はできているだろうと考えていた。しかし、見事にその期待は裏切られた。まず、以前私が雲南で行った調査とは、場所も内容も違った。次に、今回は３つの班で３つの場所に分かれて調査するという、初めての試みであった。最後に、事前学習が思ったより進んでいなかったのである。これはやばいぞ、ということでシステム班のメンバーと打ち解けるのもそこそこに事前学習に取り組もうとするのだが、何をしたらいいのかわからないのである。事前学習ではよくある話なのだが、普段大学で取り組む内容とは専門性もやり方も違いすぎて、さらにテーマも漠然としているため、どこから手を付けようか、その前に何ができるのかすらわからないのである。調べようとしても、必要な情報は中国語でしか手に入らないものも多い。先生から手に入れられる情報は断片的で、自分たちで集められる情報も断片的である。これでは班別の事前学習が進んでいないのも納得だなあと、思わず思ってしまったものである。とはいえ、フィールドスタディを経験している身からすると事前学習の重要性は重々承知しているため、想像力を働かせながらみんなで何とか進め、フィールドスタディを迎えた。

　私の所属したシステム班は、先生がいない女子５人のグループだった。事前学習を含め、一緒に過ごした時間は長くはなかったが、がんばるときはがんばり、楽しむときは思いっきり楽しむというようにメリハリをつけると、非常に仲が良くなった。おかげで調査は順調にいき、また孟連もとことん楽しめたように思う。

　システム班のチームビルディングはうまくいったが、全体としては課題も残った。それぞれがそれぞれの方向を向いていたため、互いに何をやっているのかよく分かっていなかったのである。事前学習の時点でそれぞれが何をやっているかを理解できていたら、「いまそっちはどう？」といった声かけが自然と生まれていただろう。雲南に行って２日目には班別に分かれてしまうのだから、行ってからやろうというのでは明らかに遅い。班という枠組みを超えた雲南班としての繋がりを育てるための「場」を

事前学習の時点でつくれていたら、もっと良くなったのではないか。ついでに言うと、報告書もこんなに大変ではなかったのではないか。そう思わざるを得ない。

　雲南での課題にフォーカスしてしまったが、やはりモンゴルでも事前学習の密度の大切さを痛感した。事前学習で調べれば調べるほど、現地で使える材料が増えるのである。これには普段から思先生もおっしゃる通り、想像力と勘が必要である。わからないなりに現地を想像して、あたりをつける。もしかしてこうではないかという勘を働かせる。普段使うことも鍛えることも難しいこの力は、社会で生きていく上では非常に大切な力ではないだろうか。事前学習は、100点に近づけることはできるが、満点を取ることはできない。現地に行って初めてわかることが必ずあるからである。だからこそ、フィールドスタディで事前学習の不足を痛感する一連の流れが一種の儀式であり、良くできた教育方法だと思う。

　最後に、今回に限らず多くのフィールドに行き、思先生の隣で学んだことで、気づいたことについて述べたい。それは、自分は地域の人ではないということである。私は岐阜県高山市という田舎出身であり、自分の故郷である高山のことが好きである。しかし、地元に戻って生活したいかというと、そういう気は起らないのである。もちろんやりたい仕事が高山ではやりづらいという理由はあるが、所詮はそれも言い訳にすぎず、しかしどうしてかを説明することができなかった。今までフィールドで出会った地域の人と同様に自然豊かな田舎の出身であり、同じようにその土地が大好きであるのに、その人たちと自分は明らかに違うのである。それはなぜか。私は高山という場所を、全然知らないのである。地域の人たちは、地域のことを知り尽くしている。それは学術的ではないかもしれないが、それぞれが一つ一つのものに対して、何かしらのストーリーや思いを持っているのである。私はまだどうして好きなのかを説明する言葉を持っていない。それが地域の人との違いを生んでいたのではないだろうか。

　私は東京で働き始める予定であるが、今すごく高山に帰りたい。正直なところ、まだ生活をする場所にしたいとは言えないが、高山を知りに帰りたい。そして、地域の人と言えるようになりたい。私にとって、卒業する寸前にこのような気持ちに至れたのは、一番の卒業祝いである。これをくれた思先生には、感謝してもしきれない。

　非常に長くなってしまったが、改めて、多くの学びを与えてくれた先生方をはじめ、一緒に学んだ仲間、先輩方、地域の人々、フィールドスタディを支えてくださった皆様、すべての人に感謝を申し上げたい。そして、このプログラムが後輩たちに受け継がれ、彼らの心に残るものになることを期待している。願わくば、卒業後もなんらかのかたちで関わり続けさせてほしいものである。

一期一会が生んだフィールドスタディ

難波晶子

　私は、工学部に所属しており、普段は人口減少で衰退した森林の地域循環の方法について研究している。気候変動のデータやそれによる森林の生長速度から、バイオマスエネルギーの計算を行う。しかし昨夏、研究対象地にそれらの計算結果を初めて持ち込んだとき、現地の住人や行政の人たちからは私が思い描いていたのとは全く異なる反応が返ってきた。突然割り入ってきた研究者から、データを見せられてこのようにするとよいと言われることへの拒絶だった。そもそも人口減少が進む農村では、各森林の所有権が誰なのかさえはっきりしない状況にあった。そこで私は気づいた。現地の現況を知らずして、未来の環境問題の話なんてできるわけがない。自分の目で見て、現地の人々の生活を知る必要があるとそこでやっと気がついた。でも一体どうやって？

　そんなとき、私は学内サイトに掲示されているこの海外フィールドスタディプログラムに奇跡的に出会った。循環型社会の構築を目指す海外フィールドスタディ。今の自分が直面している問題を解決するのにぴったりのプログラムではないか。

　エントリー締切間近だったが、すぐさま担当教員にメールを送り、詳しく話を聞かせてほしいとアポイントメントをとった。今思ってみると、そのとき出迎えてくれた担当教員のス先生がこのプログラム自体の「多様性」を生み出す人物、そして私の人生において「多様性」を生み出すパワーを最も感じさせてくれた人物であった。

　無事に面接を乗り越え、初回の事前学習に行くと学部も学年も全くバラバラのメンバー達に出会った。特にペアを組んで木屑の利用方法に一緒に取り組むことになった後輩は、私の人生でまだ出会ったことのない人たちだった。事前学習では、ス先生からいただいた情報をもとに、現地での取り組みを計画することが中心だった。しかし、定量的な資料やデータが十分に揃っていない中で、計画を立てることは私にとって困難だった。そんな中、チームのメンバーはそれぞれにアイディアを膨らませ、情報収集をし、提案していた。私はそんな姿をみて、はじめは短期間のプログラムでそんな提案が通るわけがないと思ってしまっていた。しかし、ス先生はそんな学生達の自由な発想を、潰すことなく全て受け入れていたのだ。私もその様子をみて少しずつ自分のアイディアを形にして伝えるように心がけた。

　現地では、そのようにして出来上がったアイディアを一つずつ試行錯誤してみた。もちろん現地には、肥料を作るにしてもクッキーを作るにしても、十分な材料はそろっていなかった。だが、一生懸命取り組む私たちをみて、現地の方々がいろいろと手を貸してくれたのである。また、材料が足りないからこそ、毎日現地を注意深くあれこれと観察した。常日頃から周りを見渡すことによって、思わぬアイディアに結びついたのである。ここで学んだのは、五感を使って日々を観察することの大切さである。これは、決して研究ではできない問題へのアプローチであると思う。

　本プログラムを通じて、現地で自分の目で見て状況を確認することの大切さ、現地の人々と信頼関係を築けば何倍もの成果が得られるという事実、そして様々な背景をもつ学生が集まって問題解決に勤しむことによって得られる達成感や楽しさを学んだ。そして何よりも、このプログラムに参加しなければ出会えなかったクリエイティブな学生に出逢うことができた。今後人生を歩んでいく上で、本プログラムで学んだことを忘れず、何事にも積極的に取り組んでいきたい。

人の力を実感したフィールドワーク

徳満有香

　この濃密な中国雲南省での約 10 日間をどのように振り返ればよいだろう。まず、とても強く思っていることが、私は非常に人に恵まれた、ということである。余裕がないのに常に自分の責任をさらりとこなすリーダー、難しい局面にあっても常にユーモアと周りへの気配りを忘れないメンバー、本フィールドスタディの先輩として新メンバーの意見を非常に尊重してくれるメンバー。彼らと同じグループで活動でき、非常に心強かったし、少しでも彼らの力になりたいと精一杯取り組むことができた。一緒に活動したメンバーだけでなく、中国で出会った人々も情に溢れ、初めて会うはずの私たちにまるで家族のように温かく接してくださった。言葉が通じないのに、心が強く通じ合っていることを強く感じた。実際に現地を訪れ、現地で働いている人々と関わったことで、今回のフィールドスタディにおける課題は、決して他人事ではなく、自分たちの課題として取り組むことができた。だからこそ、充実した時間になったのだと思う。

　今回のフィールドスタディは現地で過ごした 10 日間にスポットライトが当てられがちだが、この充実した濃厚な 10 日間は、ス先生をはじめ、中国雲南省の受け入れ先企業の関係者、大阪大学グローバルイニシアティブ・センターの長期間に及ぶ入念な準備があったからこそである。ここで感謝を申し上げたい。最後に、次世代のフィールドスタディ参加者が本フィールドスタディから、私たちが多くを学んだように、多岐に通用する学びを得ることを望みます。

はじまりはタバコとお酒

岸本康希

　僕は中国語をほとんど知らず、現地の人と話すことはできない。それでも、現地で会った彼らは微笑みながら、初めて会ったはずの僕のタバコに火をつけてくれ、コップにお酒を注いでくれた。その思いやりに触れたとき、僕のフィールドスタディははじまり、胸の高鳴りを感じた。同時にこれまで先生や先輩が築いてきた信頼の証を見た気がし、緊張感も高まった。

　フィールドスタディには入念な準備が必要である（偉そうに言っているが、事前準備不足は僕の痛切な反省のひとつである）。厳密には事前調査からフィールドスタディは始まっているのだが、現地の課題に対する自分の立ち位置が意識の中で確かに変わったのである。「中国雲南省が抱える課題」から「僕たちが抱える課題」に変わったのである。大袈裟だと思われるかもしれないが、本当だ。現地の人々や地域に対してこだわりを持つことが、これほどまでに自分の心に当事者意識と責任感を与え、調査を楽しいものにさせたという事実は僕にとって新鮮であり、雲南と出会えてよかったと心からそう思う。そして、このような心持ちで取り組めば、自ら「気づき」を得ることができる。

　「知識」と「気づき」の違いは実感が伴うかどうかだと考えるが、これまでの自分の学習では「知識」の割合が少し多過ぎたと惜しい気持ちになる。というのも「気づき」に至るまでの試行錯誤の過程はあまりに楽しく、「もっと早くフィールドスタディを知っていれば…！」と嘆きすらしてしまう。フィールドスタディは僕の学びに熱中を与えてくれたので、正直に言えば、大学院に進む前の学部4回生の段階でフィールドスタディに出会えたことはラッキーだと思っている。当然、何かに身を投じて取り組むということは、それだけ身を削ることもあるだろうが、そんなことどうでも良くなるほどに楽しく、そうして自分の為した事が何かの役に立った時には大きな喜びが得られるものである。まだこのような体験をしたことのない方は是非、一刻も早く、フィールドスタディに参加してほしい。そこにある多くの「出会い」と「気づき」を感じて欲しい。

　これから様々な場所で僕は学び続けようと思うが、何か悩んだり喜んだりする度に、はじまりのタバコの火とお酒並々一杯を思い出し、この出会いに立ち返ることだろう。

　最後になったが、雲南で出会った全ての方々、調査に協力して下さった株式会社モキ製作所営業部の藤牧様、フィールドスタディに関わる先生・先輩方、共にグループのメンバーとして協力してくれた友人たちに感謝の意を表したい。本当にありがとうございました。

詩　手紙・春城

中野裕介

拝啓　　　　○○○様

空気となって世界を眺める

気づかないうちに
取り返しのつかないことに

でもあのときの決断は
きっとあれでよかったんだ

さあ話を未来へ進めようぜ

そんな君に届けたい歌があるんだ

届くかな
届くといいな

ふと夢見るように浮かんだ
雲の隙間から差し込んだ
たった一つの小さい歌

誰がために　咲いているかは　しらねども
愛でてみせよう　一輪の花

もうすぐ春が来る

敬具

令和2年3月21日

先輩学生として、企業人としてフィールドスタディに参加して

轟晃成（関西産業株式会社）

　私は 2017 年 3 月に雲南フィールドスタディに参加した。大学院を修了する直前のことであった。今回 2019 年 9 月のフィールドスタディにも参加している千賀さん（当時 2 年生）とチームを組んで、プーアル市のコーヒーに着目した調査を行った。私たちは複数の地域のコーヒー農家を訪問してインタビューを行った。誤解を恐れずに単純化すると、コーヒーを生業としている村の中にも豊かな村と貧困に陥っている村がある。私たちはコーヒー農家の抱えるリスクを考察した。コーヒーはもう一つの主要産業であるお茶と比較して歴史が浅い。コーヒーはグローバルな商品作物であり、そこには構造的なリスクが内在されていると考えた。

　コーヒーの加工現場も見学した。コーヒーの殻には 2 段階ある。収穫した状態の「鮮果」の外側の殻はローカルに処理し「豆」になる。さらに、内側の殻は工場で集約的に処理され「米」になる。外側の殻を洗浄・発酵させる段階では有機排水の問題がある。環境保護の観点から、垂れ流しにしてはいけない。しかし、何か有効な手段があるわけではなく、現実的には希釈して排出することしかできないのである。フィールドスタディでは、経済的な観点での考察に焦点を当てていたが、私は当時、工学研究科環境・エネルギー工学専攻の学生であって、環境を専門とする立場からこの排水問題には興味を抱いていた。

　プログラムを終え帰国し、やがて卒業を迎え、4 月から関西産業株式会社に入社した。同社は環境関連装置のメーカーである。たとえば、お米の籾殻は廃棄されることが多いが、炭化することで土壌改良材として利用が可能である。そのような、農業廃棄物のリサイクルを目的とした機械装置が主力製品である。

　入社してから半年、2017 年 7 月の平日に大阪大学の思沁夫先生の研究室を訪問した。私は炭化という技術を覚えて新たなアイデアが浮かんでいた。コーヒーの殻を炭にして、水質浄化に用いるというものである。もちろんすぐに順調に進んだわけではなかったが、先生が動いてくださり、大変ありがたいことに 2019 年の 2 月に李さんの松脂工場に小型の炭化装置を納入することができた。李さんとはこのとき初対面であったが、プーアル学院大学の先生方は私のことを覚えてくださっていて、嬉しかった。ところで、私は 2017 年のフィールドスタディの際には、現地での思い出を「歌」にしてい

た。その中に「交わす盃　何度も通じ合う喜び　海を越えても　いつか帰ってくるまで　きっと忘れない」というフレーズがある。プーアルにはいつか帰ってくることは、当時から直観していた。本当である。それにしても、思っていたよりも早く帰ってくることができたものだ。

　小型の炭化装置は、松脂の木屑の炭化に使った。松脂木屑での実績はなく、実験的な取り組みという位置付けであった。実際にトラブルが発生した。油分を含むため想定よりも発熱量が高かったのか、フタが歪んでしまった。このフタを歪まないようにパワーアップさせたものを「手荷物」に持って、2019年、私は再び雲南に発った。これが、今回のフィールドスタディである。つまり「炭化装置のフタの修理」という仕事の名目で、フィールドスタディに参加させていただいたわけである。私の会社の理解もあり、プーアルの先方のご協力もあり、このような形になった。

　私は「松脂班」の一員のような、そうでないような微妙な位置付けで基本的に学生たちと共に行動した。自分の「仕事」をしたのは、実質的に1～2日分だったと思う。今回は、学生ではないので、安本さんの取材もされない。私だけでなく細貝さんや高成君（彼とも2017年の雲南は共にした）のように「微妙な立ち位置」の参加者は多かったように思う。

　学生ではないが先生でもない。ただの先輩である。ただしプーアルの方々には、食事の際には「大人チームの一員」のような扱いをしていただくこともあって、嬉しいようなおそれ多いような気持ちだった。松脂班のテーマが、私の仕事と連携している関係上、炭や有機農業という専門知識に関しては、学生たちにとっては私に頼るしかなかったと思う。特に難波さんには知識を少々教えさせてもらった。

　それにしても、学生たちよりも数年先輩であるだけの自分に何かを教えるというのはなかなかに難しい。結局大事なことはフィールドが教えてくれる。あるいはフィールドから気づく。正直に言うと、結局私も自分が学ぶばかりで、教えることはできなかったと思う。短期間ではあるが、学生たちはどんどん成長している。それを間近に見られたのは自分にとっての学びだった。学生たちが先生から指導を受ければ、自分も学生のように一緒に聞いた。それにしても「微妙な立ち位置」とは都合が良く楽なものだ。

　嬉しかったのは、後半に合流した千賀さんと宮ノ腰さんが抜群のリーダーシップを発揮していたことだ。二人は、自分が学生の時に当時2年生で参加していた後輩である。後輩が立派な先輩になっているのを見た時に、とても嬉しくなった（自分が年を取ったことも感じた）。自分が彼女たちの年齢の時にこれほどリーダーシップがあった

だろうか。純粋に敬意を表したい。また、今回の参加学生全員それぞれ魅力的であり、素晴らしい所があった。フィールドスタディも私たちが学生の頃と比較してレベルアップしている。ところで「先輩」というものは、後輩を指導して、結果的に自分を追い抜くことを喜ばなければならない。そんな健全で爽やかな関係が、今回の参加学生たちに築かれることを期待する。

　今後も、プーアルとのお付き合いは続く予定である。李さん、阿欣さんらをはじめとして、多くの方のご協力をいただき、炭の利活用をさらに進めていく。調査・考察をし、報告書を書くだけでなく、現地を実際に変えていけるのは本当に喜ばしいことである。私は言葉の壁もあるが、先生に頼りっきりで、自分が頑張っている実感がないのに話が進んでいくことに、少し申し訳なさもある。しかし、地域のために具体的な活動をさせていただくこの貴重なチャンスをいかして精一杯役に立ちたいと思う。この気持ちは、次にまたプーアルに帰ってくるまで、きっと忘れない。

執筆者プロフィール

作成：黒田早織、細貝瑞季、千賀遥
所属および学年は 2019 年度執筆当時のものである。

山・村班

細貝　瑞季（ほそがい　みずき）
北京在住。今回は個人として参加。
ニックネーム：細貝さん

　皆の頼れる切れ者姉貴。問題点はズバズバ指摘しつつ、開業できるレベルの全身マッサージで毎晩メンバーの労をねぎらってくれた。それぞれに悩みや不安を抱えるフィールドスタディで、そんな彼女に助けられた学生はさぞかし多かったことだろう。

水森　百合子（みずもり　ゆりこ）
大阪大学理学部物理学科 4 年
ニックネーム：百合子ちゃん

　俯瞰して物を見つめる静かさの中に、燃える想いを湛えている。実は昭和歌謡曲が得意で、その歌声にみんな引き込まれ、山のコーヒー畑でのフィールドワークを共にした雲南大学の学生さんの心を鷲掴みにした。

システム班

王　しょうい（おう　しょうい）
大阪大学外国語学部外国語学科英語専攻 4 年
ニックネーム：しょういちゃん

　笑顔がキュートなアメリカ帰りガール。真面目でフィールドスタディにも非常に熱心だが、いい意味で優等生過ぎないところが最高に推しポイント。時々ポロリとこぼれる素直でお茶目な本音で皆から愛されている。

黒田　早織（くろだ　さおり）

大阪大学外国語学部外国語学科日本語専攻４年
ニックネーム：ヘイティエン

　聞き取り調査では中国留学で培った流暢な中国語を活かして、現地の生の声を汲み上げた立役者。身のうちのエネルギーは無尽蔵⁉ 暇があれば単身で中国を旅して回るなど、バイタリティと中国愛に溢れる。

柴垣　志保（しばがき　しほ）

大阪大学工学部地球総合工学科２年
ニックネーム：しばちゃん

　皆の妹、しばちゃん。現役水泳部。他の班メンバーが全員外国語学部の先輩たちである中、なんとか踏ん張ってくれた。とにかくめちゃくちゃよく食べる子で、出される料理をモリモリ食らい、現地の人々の熱い支持を得た。

千賀　遥（せんが　はるか）

大阪大学外国語学部外国語学科アラビア語専攻４年
ニックネーム：せんが

　いつも冷静沈着なまとめ役姉さん。雲南フィールドスタディも２回目で、右往左往する初参加組を頼もしくリードしてくれた。長い付き合いのやんつぁい（宮ノ腰）との信頼関係は抜群で、半議論半ケンカのような（？）歯に衣着せぬ言い合いで、メンバーを楽しませてくれた。

宮ノ腰　陽菜（みやのこし　はるな）
大阪大学外国語学部外国語学科アラビア語専攻４年
ニックネーム：やんつぁい

　国内外問わずフィールドスタディの大ベテランさん。陰に日向にと大活躍。参加者へのきめ細やかな目配りはもちろん、先生との間でタイムリーかつ丁寧な橋渡しも担う、気配りのプロである。真っ直ぐ一途な笑顔が素敵。

松脂班

難波　晶子（なんば　あきこ）
大阪大学工学部環境・エネルギー工学科４年
ニックネーム：あきちゃん

　我らが松脂班の（頼れる）リーダー。常に少しボケているが意外としっかりしている。好きな食べ物は雲南で食べた蜂の幼虫であり、胃の中で成体まで育てるのが夢だとお酒を飲むたびに語る。バイト先の居酒屋ではお酒を飲みながら接客をする不良っぷり。

徳満　有香（とくみつ　ゆうか）
大阪大学外国語学部外国語学科ビルマ語専攻２年
ニックネーム：みっちゃん

　才能あふれるデザイン力で、次々とクリエイティブなアイデアを生み出す不思議ガール。いつでもふわふわと笑う彼女といれば、どんな辛い事も乗り越えることができよう。日本にいない事が多いので、会いたければアポイントメント必須である。

岸本　康希（きしもと　こうき）
大阪大学工学部応用理工学科４年
ニックネーム：きっしー

　絶対に怒らない男、きっしー。その仏の様な広い心で、メンバーの意見を受け入れ引き出す。そんな仏のきっしーは、ギターを手に取ると一点！ 雲南での謝恩会でも、きっしーの華麗なギター演奏は、メンバーと現地の方々の心を繋ぐ架け橋となった。

中野　裕介（なかの　ゆうすけ）
大阪大学法学部国際公共政策学科４年
ニックネーム：なかのくん

　ス先生を崇拝するあまり、幾度もドイツ留学を繰り返す。普段は、巧みな語学力で文書や資料の作成を淡々とこなしてくれるが、お酒が入るとそのスピードはもう止まらない。再びドイツに旅立つそうだが、現地でもさぞかしソーセージとビールを楽しむことだろう。

轟　晃成（とどろき　あきなり）
関西産業株式会社開発営業部
ニックネーム：ホンさん

　松脂班の先駆者。今回のフィールドスタディでは、サポーターとしてメンバーの成長を見守ってくれていた。物事の本質をすぐさま捉え、メンバーに的確なアドバイスを与える。メンバーからはもちろん、現地の方々からも大人気で「ホン！ ホン！」と引っ張りだこの日々。

おわりに

　今回、報告書の仕上げは学生が主体となっておこなった。教員は学生の執筆を見守り、編集をサポートした。学生が執筆者と連絡を取り、原稿執筆に励み、ときには優しくときには厳しい目で仲間にフィードバックしていた。学生の発想でコラム、しかも「対話式」が実現した。北九州市立大学、モンゴル国立大学との連携も見られ、学生のユニークさや多様性を垣間見ることができた。

　フィールドスタディが実現し、学生が成長できる最大の理由は、地域の方々の協力と仲間の支えにある。本報告書を作成するにあたって、モンゴルでは近さん、バトツェレン先生、ネルグイさん、トモルホヤグさん、運転手さんたち、モンゴル国立大学内名古屋大学日本法教育研究センターの先生方に大変お世話になった。また、中国では森盛林化株式会社の李社長をはじめ社員の皆さま、斑馬荘園会長、アシン夫妻、ソウさん、従業員の皆様、雲南大学のチン先生、ユウ先生、村人のジャンさんなどに全面的に協力いただいた。また、雲南フィールドスタディに社会人として参加した轟さん、細貝さんは仕事の合間を縫って学生の要望に応じ、コラムを執筆してくれた。Y-KEN FILM の安本さんは撮影編集にご快諾いただき、フィールドスタディ初となる映像作品を制作してくれた。フィールドスタディ報告書の発行ならびに一般社団法人北の風・南の雲のホームページ作成においては遊文舎の河野さん、川上さんに大変お世話になった。この場を借りて皆様に心より感謝申し上げたい。大阪大学未来基金ならびに大阪大学グローバルイニシアティブ・センターの皆様の全面協力とご指導・ご支援にも感謝したい。フィールドスタディがここまで発展し、円滑に実施できたのは皆様のお陰である。また、本報告書は学生の協力と努力無しには完成できなかった。宮ノ腰さん、千賀さん、吉田くんをはじめ、学生のみんなに心からお礼を言いたい。最後に、新型コロナウイルス感染拡大等の影響を受け、報告書の発行が遅れてしまい、多くの皆さんにご迷惑をお掛けしましたこと深くお詫び申し上げたい。

　今後もフィールドスタディを可能な限り続け、その成果を継承し、社会人向けなど新しい形態の海外体験型学習を行う予定である。法人設立を機に、フィールドスタディが発展的に実施され、地域の取り組みや地域間を超越した協働ネットワークが拡大してゆくことを願っている。

思沁夫

出会いから始まったフィールドスタディ

海外フィールドスタディプログラム A　2019年度報告書
大阪大学未来基金グローバル化推進事業
北九州市立大学地域共生教育センター開講
2019年度「環境 ESD 演習」モンゴルスタディツアー報告書

2020年11月16日　発行

　　監　修：思沁夫・岸本紗也加
　　編　集：宮ノ腰陽菜・千賀遥・吉田泰隆
　　発行所：株式会社 遊文舎

　一般社団法人 北の風・南の雲
　　ホームページアドレス：http://www.future-asia.or.jp/
　　住　所：〒671-2506 兵庫県宍粟市山崎町宇野244